时尚辣妈の养成记

孕产期DIY健康美容手册

祈莫昕 著

中国友谊出版公司

图书在版编目（CIP）数据

时尚辣妈养成记 / 祈莫昕著. -- 北京：中国友谊出版公司, 2011.12
ISBN 978-7-5057-2975-9

Ⅰ. ①时… Ⅱ. ①祈… Ⅲ. ①女性－美容－基本知识 Ⅳ. ①TS974.1

中国版本图书馆CIP数据核字(2011)第273001号

书名	时尚辣妈养成记
作者	祈莫昕
出版	中国友谊出版公司
发行	中国友谊出版公司
经销	北京时代华语图书股份有限公司 010-83670231
印刷	北京天宇万达印刷有限公司
规格	700毫米×1000毫米 16开 18印张 150千字
版次	2012年2月第1版
印次	2012年4月第2次印刷
书号	ISBN 978-7-5057-2975-9
定价	39.80元
地址	北京市朝阳区西坝河南里17-1号楼
邮编	100028
电话	(010)64668676

序

姐不贪心,但鱼和熊掌我都要

"爱妃,爱妃妃……"入夜时分,我刚敷完面膜、抹罢精华素准备入睡,老公便看准时机一脸谄媚地凑了过来。

其实他压根儿不用张嘴,我都知道这厮要说啥。但善良如我,始终觉得还是应该给人一个陈述想法的机会。

"长夜漫漫无心睡眠,既然闲来无事,要不我俩闹个人命玩玩吧?"果然毫无新意,老公继续重复着已经跟我提了不下二十遍的议案。

"滚!想都别想!"我横眉冷对,老公惊得一身冷汗,只好躲在角落一边用"怨念的45度"仰天长啸,一边我见犹怜地画圈圈。

但我知道老公注定不是那种遭遇挫折就立马放弃的主儿,否则不会碰了二十多次壁,还义无反顾地自讨没趣。他会欲盖弥彰、会暗度陈仓、会旁敲侧击、会指桑骂槐、会拉拢一切可以拉拢的力量结成统一战线。

于是,接下来的日子里,爸妈、公婆、三姑六婶八大姨轮番上阵,苦口婆心、循循善诱地劝说我:"都快三十的人了,赶紧生个娃吧!"尤其是四位老人,前所未见地口径一致:"快点生,趁着我们还年轻,可以帮你们带孩子……"看他们那副眉飞色舞、兴高采烈的表情,仿佛小孩压根儿不需要十月怀胎、一朝分娩,而是跟"嗯嗯"一样,往那儿一蹲,下腹一用力,就能"啪"的一声华丽落地般简单。如果真是那样,我愿意每天给他们家"嗯"一个足球队出来。我嗯，我嗯，我嗯嗯嗯……

其实我很传统，也压根儿没想做丁克，之所以临近三十岁还没考虑要孩子，主要原因有三：

一是头些年一直在打基础，老公事业刚刚起步，我在单位也正处于事业上升期，如果贸然要孩子，我怕家庭累积不够，无法应对XX的房价和OO的物价。

二是我总觉得自己才二十多岁，两人世界还没过够。一旦孩子诞生，我得把他养大，从幼儿园到大学，再到毕业、结婚生子，操不完的心。所以我想生娃这事，能晚一天是一天。

至于第三点，说出来可能你们觉得太小题大做。但我可以很负责任地告诉各位，这对很多女人来说，是大事——因为我是超级臭美的人，始终觉得生了孩子，身体会严重走样、皮肤会变差、美丽将与我无缘……这是我无法容忍的。因为我妈、我婆婆貌似都是这样，看她们年轻时候的照片，个个貌美如水灵小花，对比生了孩子以后的家庭主妇样儿，我只能说很雷很囧很给力。

所以对于生孩子这件事，我是有小小的恐惧心理的。

但恐惧毕竟只是恐惧，老公一直想要孩子，我对于生儿育女也没有本质上的排斥，再加上医生告诉我，现在生育是最佳时机，身体会恢复得很快，再过几年成了高龄产妇，不仅分娩过程会更危险，后期恢复也更加困难。再看到每年翻一番的幼儿园建园费，我终究屈服了。

杀人不过头点地，生娃不过40周，生就生吧，老娘认了，谁让咱出厂时没像男人那样，直接把怀孕的功能给简配了呢？

生归生，美归美，这是两码事。我会爱自己的孩子，但是不会为他牺牲掉自己的生活和追求。So，第一条就是不能容忍自己为了生儿育女就牺牲掉美丽的外表。

其实怀孕对女人的美丽带来的威胁多数集中在皮肤和身材上，比如色素沉积、妊娠纹、青春痘、身材发胖、走样之类。只要把这些威胁克服，我觉得当回孕妈感觉应该也蛮不错。因为我经常在院子里看到一些挺着大肚子的准妈一手撑着腰,一手抚摸着肚子,满脸幸福的样子,那表情甚至让我略有神往。好吧,怀孕而已,我相信只要做足了功课,自己依旧会美丽如初。

现在回想起来,曾经觉得漫长的十月怀胎,几乎是在一瞬间就走完了。如今我的宝宝已经两岁,怀孕时期产生的种种影响美观的问题也压根就是浮云。现在我皮肤依旧光滑,除了肚子上还有几道淡淡的妊娠纹外,其他基本没有任何变化。至于身材,更是完全没有走样,无论是我的医生还是身边朋友,每次看到我都会赞叹,这女人恢复得太好了!甚至有人戏谑道:"你丫是不是借腹生的子哦?"

听到这些评价,我心里自然美得无以言表。可独美美,与众人美美,孰美?答案不言而喻。所以我希望能借此机会,把自己怀孕前后的美容心得分享给大家。虽然我不是专家、教授,也不是营养师、美容师,但我说的这些方法,都是自己精心挑选并且亲身尝试过的,所以对各位即将怀孕或者已经怀孕的姐妹们一定会有所帮助!

最后我想说的是,美丽不是天生的,如果你想让自己难得的准妈时期变得更美更健康,那就请认真对待你的身体和你的生活吧!

宝宝是上天赐给妈妈的最珍贵的礼物!

目录

序：姐不贪心，但鱼和熊掌我都要　1

♥ 第一章　孕前三个月的准备工作 ♥

美容、整牙、烫发……要做你就赶紧做　2
跟化妆品拜拜，不一定是跟美容拜拜　6
排毒？这事得科学，千万别乱来　9
这些排毒食物记得吃　12
对孩子不好的习惯，对脸蛋更不好　15
保持好心情的女人最美丽　20
提前锻炼，才能让孕期更漂亮　23
身体越适合怀孕，受到的伤害就越小　27
孕前的特别美容养生餐　30
提前三个月就要吃叶酸咯！　33
给自己准备最好的环境　36
在最好的时间受孕，娃好、你好、大家好　39

♥ 第二章　孕前一个月，奠定美丽基础 ♥

从现在起，告别这些误区　48
懂常识，提升"幸孕力"　51
要做未来的辣妈，果蔬一个都不能少！　55
晒太阳可以，晒紫外线就免了　60
辐射＝色斑，远离辐射＝远离色斑！　64

钙铁锌硒维生素，准孕妈的元素活力餐　　69
美丽可以，但千万别以降温为代价！　　74
现在开始强化皮肤护理，为产后消纹做准备　　77
老公，每天给我讲个笑话！　　83

♥ 第三章　0~28周的着重保养策略 ♥

孕早期的准妈备忘录　　86
脸总是油油的？少洗脸就对了！　　91
眼袋浮肿？黑眼圈？不让它们困扰你！　　94
一月食谱：妈妈的精气套餐　　96
妊娠反应期，如何让肠胃舒服一点？　　100
美妈不俗，让灯芯绒背带裤见鬼去吧！　　103
话说痔疮也是美丽的大敌！　　106
小心这些食物，它们容易造成流产！　　109
发质变差了吗？其实很容易补救的　　111
谁说孕妈一定要短发？　　114
补血！补气！我补补补补！　　116
没事时跟宝宝聊聊天吧，放松也是美容的秘诀　　119
粗粮，排毒又养颜　　121
要美容，也要安全！　　123

♥ 第四章　29~40周，小心呵护你的养颜硕果 ♥

我是准妈我最大　　128
可以亲热，但别太猛哦！　　132
每天按摩半小时，别让腿脚的浮肿影响你　　135

睡觉睡得有技巧，肚子才能长得好　　138
牙疼不是病，疼起来真要命！　　141
入院前，辣妈的准备战！　　144
这时候就别考虑太多了——临产前的保养食谱　　148
临产十忌，别让你的努力功亏一篑　　152
尽量顺产，但是也别害怕剖宫　　156

第五章　分娩后42天内的恢复调理计划

休息！休息！还是休息！　　160
漂亮妈咪的月子食谱　　163
漂亮妈咪的月子宜忌　　168
想让恶露退散，生化汤是好东西　　171
千万别多吃红糖！　　173
让我又爱又恨的催奶汤　　175
可怜的乳头，你怎么了？　　179
"花园"一定要养好！　　182
适当运动，杜绝生冷　　185
产后抑郁很正常，别怕别怕　　187

第六章　产后2~3月塑身总动员

出月子就没顾忌了？　　194
别怕大肚腩，我有收腹秘方　　197
按摩！按摩！全身肉肉收回去！　　201
美丽加分不打折　　205
产后健身操，让你立现杨柳小蛮腰　　212

产假结束前的适应训练　　216
"爱爱"那件事，调整好再进行　　219

♥ 第七章　产后3~6月，恢复美貌的最佳时机 ♥

母乳喂养这么美妙的事情，快乐地做下去　　224
当你处于产后掉发期　　226
不想乳房下垂？开始锻炼喽！　　229
让我纠结的内衣选择　　233
肚子还那么大，怎么配衣服嘛！　　235
跟黑色素说拜拜！　　240
宝宝要抚触，妈妈也要！　　243
最适合辣妈的果蔬汁大杂烩　　249

♥ 第八章　产后6月~1年的辣妈计划 ♥

暖暖的子宫保健操　　254
制订一个完美的塑身计划　　258
嗨！"大姨妈"……　　263
桑拿，我来了！　　266
哺乳期不能做的美容项目　　268
肚子上有疤怎么办？　　270
如果你的妊娠纹都一年了还没淡化……　　273

♥ 后记　30岁辣妈就这样华丽诞生了 ♥

第一章
孕前三个月的准备工作

辣妈的温馨提示
- 清理梳妆台,跟所有的化妆品说拜拜
- 调整饮食结构,蔬菜瓜果比例增大
- 孕前补品不可乱吃
- 调整心情,保持最佳状态

美容、整牙、烫发……要做你就赶紧做

中午不回家,躺在美容院里,脸上敷点这个抹点那个,再听着一点安宁动听的音乐,好好休息一阵,下午照样容光焕发地去上班,精神倍儿好呀!要不然就推个精油,舒缓一下我长期僵硬的后背,舒筋活血,何乐而不为?

当然,闲时还可以做做头发,拉直了不好看,咱烫卷了;烫卷了太显老,咱拉回来……极尽折腾之能事,哎,谁让咱那么爱臭美呢?

可是,备孕开始,似乎就要暂时和这些臭美项目说拜拜了,这也不光是对将来的孩子负责,也是对自己负责。

先说一下美容。比如说像我这样喜欢进美容院边保养皮肤边午休的姐妹们,需要关注一下美容院里那些往脸上抹的东西究竟是天然的,还是有化学物质添加的。

我们很可能会遇到这样的情况:满怀信任地去问美容院的小姐,她们的产品在准备要宝宝的时候能不能用?人家会超级肯定地说,她们的产品是如何如何全民适用之类的话。这吹嘘归吹嘘,要是自己没有完全确定成分说明的话,干脆别去美容院,自己在家做一点DIY的面膜,好过疑神疑鬼地去使用那些合成品。

再说一下美体。美容院所谓的美体,通常都是使用精油来按摩,而很多精油售卖的噱头都是纯天然植物萃取精华,精油按摩的

目的是让其随着淋巴循环进入身体，有活血化淤、加快身体排毒之功效。

精油在理论上来说是纯天然的，对身体几乎没有毒副作用，但是我始终觉得，那东西在生产过程中有没有人为地添加什么东西就不好说了，所以最终没有选择。当然如果你买的精油品牌过硬，倒不妨一试。

其实，我们使用的很多精油本来就难以达到纯天然，比如玫瑰油。很多姐妹都喜欢使用玫瑰精油，就像玫瑰花般美丽一样，用它提炼出来的精油美容效果也是非常好的，但真正纯天然的玫瑰精油价格非常昂贵，因为几万朵玫瑰花也只能提炼出几滴纯的精油来。由此可见，那几十块钱一瓶的玫瑰精油根本不可能达到纯天然，我可以断言里面一定有人为添加的化学成分，往脸上抹的时候千万要谨慎再谨慎，最好还是别用了。

至于美体按摩的精油，就算不是纯天然，我们平时也是可以使用的，但要选择那些价格中档偏上的精油，太便宜的精油只适合用来点香薰。

备孕的姐妹就暂时不要用精油了，特别是一些卵巢保养的精油，很可能会影响我们的内分泌，扰乱排卵期，使我们不能如愿受孕。当然在孕期也不能使用精油，尤其是孕早期，因为很多精油都有活血功效，很容易造成胎儿的流产。

不推精油了，那么做个头发总可以吧？事实证明，还是不行。不知道姐妹们有没有观察过，染头发的时候，那些染发剂留在头皮上要好几天才能褪下去，虽然人家美发店的人一样会宣传，说这些染发剂如何进口，如何高级，如何对头皮没有伤害……但真的没有伤害吗？

光闻闻味道就知道了，无论什么品质的染发剂，打开之后总会有一股让人说不清道不明却很难喜欢的味道。鼻子受不了，头皮同样受不了，更不要说这些东西会渗进头皮，随着血液循环进入身体了。

染发剂是必然会对我们的健康产生损害的，只是损害分成两种，一种是急性损害，也就是指过敏症状。大多数的染发剂里面都含有对苯二胺，有些人会对对苯二胺产生过敏反应，出现水肿、过敏性鼻炎，甚至糜烂、溃疡等症状，由于这些症状来得很快，一般都可以及时进行治疗，所以这种反应的伤害要小一些。

另一种是慢性损害，这就比较严重了。染发剂里面含有的对苯二胺、芳香胺、二硝基酚等化合物，主要是起到着色和固色的作用，但同时也是致癌物质，它们会从毛囊进入血液中，破坏我们的造血系统，引起头晕、乏力等症状，严重的还会诱发白血病、淋巴癌等。孕期对胎儿产生的影响更是不容小觑的。

由于慢性伤害有一定的潜伏期，所以在准备受孕的时候就应该避免使用染发剂。彩发飘飘再美，也没有自然美那么动人呀！要是实在喜欢烫染发，那么就在准备怀孕前，至少提前三个月，最后做一个造型吧。

至于牙齿，如果姐妹们患有牙周炎等疾病的话，建议在孕前就先预约医生进行治疗。如果我们怀孕了，体内激素会发生相应的变化，引发牙周炎、牙龈出血和肿痛等问题。另外，孕期是不能随便使用消

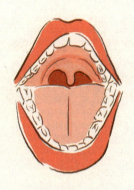

炎药或者抗生素的。俗话说"牙疼不是病,疼起来真要命",到了那个时候必须自己用毅力来抵抗牙痛是很煎熬的,而且怀孕后可能出现喜酸食,少食多餐等情况,这些都会使牙齿得不到充分的休息而引起牙病。

重要的是,如果妈妈患有蛀牙,宝宝患蛀牙的可能性就会大大增加,因为妈妈的蛀牙是宝贝口腔中导致蛀牙细菌滋生的最早传播者。另外,如果妈妈患有中度或者重度牙周炎,宝宝是低体重儿或者早产儿的几率也会大大增加。

所以,为了自己和孩子的健康,还是提前做一个口腔检查为好,有什么牙病就先治疗一下,为孕期打造一个良好的身体基础吧!

跟化妆品拜拜，不一定是跟美容拜拜

以前老公成天抱怨，说化妆品就像毒药，越抹越上瘾。不是我想抹，只是习惯了淡妆出门，就越发接受不了素颜的样子了。

现在好了，为了将来宝宝的健康，我不得不把眼影、腮红、唇彩，就连眉笔都通通收拾进化妆盒里，就连每日必备的洗面奶、紧肤水这些东西都要少碰。这是必须要克服的，毕竟，说不准其中哪些化学物质就会对精子或者卵子产生不良影响。即便是口红、唇彩这种本身接近零毒害的化妆品，也可能因涂在嘴唇上后吸收空气中的重金属对身体产生影响，进而可能对胎儿造成致命打击。

所以，能忍就忍吧，大不了不擦化妆品了。抱着这种心态，我在计划怀孕的前两个月就开始彻底跟化妆品"决裂"，因为我要尽可能给宝宝准备好最纯净天然无污染的"有机田"。

但跟化妆品拜拜，不一定就是跟美容拜拜。

我以前是每晚都要敷面膜的，白天要面对电脑辐射，又要经历风吹日晒，不保养一下怎么对得起咱这张脸？即便准备怀孕了，我也不打算放弃这个习惯。只是方法要适当地调整一下——以前敷直接买的现成面膜，而现在用自己在家动手做的DIY面膜。

姐妹们千万别把DIY面膜看得太复杂，其实无非就是用现成的

瓜果蔬菜，拿着搅拌机来操作一下就OK了，一般来说制作时间不会超过五分钟，简单得很。而且纯天然、无污染，里面不会掺杂酒精、防腐剂、着色剂一类的东西。

我从怀孕前到临产前的这一年里，最常做的就是几款补水的面膜，其中第一款就是**香蕉蜂蜜面膜**。

因为我爱吃香蕉（为了防止便秘），所以家里几乎随时都有，有时候香蕉吃不完会放得软趴趴的不好吃，别浪费，这东西正好拿来做面膜。

制作方法也是超简单的，就是取大概五分之一根熟透的香蕉放在碗里搅成糨糊状，再加一小勺蜂蜜就可以了。使用方法和一般面膜一样，先把脸洗干净，再敷面十五分钟后洗净。因为加了蜂蜜，所以在冬季尤其能起到滋养皮肤的效果。

当然，你也可以试试别的组合，比如：熟透的香蕉＋一勺牛奶＋一勺浓茶，不仅补水，还有淡化色斑的效果。事实上，我从怀孕开始就一直在用这样的搭配，真的很有效果，当别的孕妈脸上都起了或多或少的妊娠斑的时候，我脸上还是白生生的，一直到分娩后都没有起斑。

不过，脸上有替代的东西，那身上呢？

第一章 孕前三个月的准备工作

我当时的情况很理想，是在十一月怀上的宝宝，正好赶在次年八月份分娩。但是准备怀孕之前，天气已经开始逐渐变冷，如果在平时，每天晚上泡完热水澡，我会通身抹一遍润体乳。当然，这种事情即便我忘记了，老公也会屁颠屁颠地跑来代劳。可既然准备怀孕，润体乳一类的东西我也不准备抹了，而是换更天然的东西来润肤。

当然，我不可能傻到把香蕉面膜涂一身。其实不用润体乳，也可以让洗完澡的皮肤很爽滑的，最简单的方法就是用牛奶。因为牛奶里面的大量乳酸不仅能保湿，还可以去角质。你可以选择在浴缸里倒上一包纯牛奶，然后进去泡澡，但是那样牛奶会因为被稀释得太厉害而功效降低。所以我当时是先清洁好身体，然后用牛奶浑身都涂抹一

遍，让老公享受个福利，先给我做个全身按摩，大概按摩五至十分钟以后，再用清水冲掉就行了。

顺便提一句，过期牛奶也可以用的，因为虽然过期，但是里面的乳酸成分还在，不会影响功效。除非是那些过期好久，已经结块的牛奶，就没必要再用了。

排毒？这事得科学，千万别乱来

现在的空气污染那么严重，再加上各种电磁辐射、静电干扰、毒食物、毒奶粉等等，老公常常念叨，我们真是生活在一个"剧毒"的世界里啊。

毒就毒吧，谁让我们头脑发热地住进了钢筋水泥的城市丛林里了呢？离了电脑、手机还活不下去，做饭不是微波炉就是电磁炉的，出门还要小汽车代步，生怕多走两步就把腿遛细了。说到底，毒素太多，也是人类自找的。

可是作为一个负责任的母亲，在孩子准备到来之前，咱怎么也得把身体清干净点儿，给宝贝提供一个安全的生长和扎根的环境啊！

不过，排毒咱们还是要讲科学的，不是拿着注射器往胳膊上那么一捅，就能把毒素抽出来。得一步步地来，一点点地清除，才是王道。

在准备要宝宝的这段时间，对于食物的选择，也应该多花一点心思去研究，毕竟咱是伟大的母亲嘛。

有一些食物的排毒效果还不错，比如动物血。当这些物质进入我们的胃里，血红蛋白会被胃液分解，之后就会与人体内残存的重金属和烟

第一章 孕前三个月的准备工作

尘发生反应，提高淋巴细胞的吞噬功能。所以，定期吃一些动物血是有好处的。不过我们家是老公负责买回来并且做好，我只负责吃，不然看着那血淋淋的东西，还是会影响心情的。

除此之外，那些生活在海里的东西也有很好的排毒效果，比如海带、紫菜等。因为它们都富含胶质，能把身体内的放射性物质驱逐出体外，而且烹饪起来也比较方便。

当然，新鲜的瓜果蔬菜也一定要多吃，它们除了排毒，还能帮助身体补充各种各样的维生素。而且许多富含纤维素的瓜果蔬菜还能帮助排便，有效防止便秘，使得我们的皮肤俏丽动人。蔬菜当中，韭菜和豆芽都是不错的选择，豆芽不但能清除体内导致胎儿畸形的有害物质，还能促进性激素的分泌；韭菜就更不用说了，老公吃了，还有壮阳的作用哦！

除了吃，老公还给我安排了喝。每天早晨起来，雷打不动的苦丁茶或是菊花枸杞茶一杯。他强调，这些茶能够排除肝脏内的毒素。

起初喝的时候，我还咧嘴皱眉，大有被逼之态势，不过后来在口中慢慢回味，才发现什么叫"先苦后甜"。

姐妹们要记住，排毒不是一日之功，因为身体内淤积毒素的速度要远远高于排出的速度，所以这根本就是一场持久战。

除了食物能排毒，运动也是有效的"杀毒武器"。只有运动，才能

让身体的毛孔都打开，排出很多携带了毒素的汗液。考虑到我的腰椎不是很好，老公体贴地给我办了张游泳卡，据他说，游泳是一项"躺着做的运动"，我得修炼修炼，增强腰背力量。

可并非所有的准妈妈都像我这么勤快地去做运动，她们要么就是时间不够用，要么就是真的很懒。不过，要排毒，也不是非运动不可。现在，很多姐妹都开始使用足贴来排毒，无需运动，无需忌口，只要每天晚上洗脚后，把足贴贴在脚底就可以了。第二天就会发现，原本洁白的足贴变得分不清是什么颜色了，还油腻腻的，哈哈，那就是大家身体里可怕的毒素哦！

当然，足贴也不是一天就见效的，通常要坚持使用两个月，隔一天贴一次，直到揭下来的足贴颜色慢慢变浅为止。

以上这些都是健康、科学、本人亲自试验过的排毒方法，总之就是排出毒素，一身轻松啦！可是有些姐妹

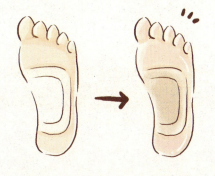

的做法就让人很揪心了，听信很多保健品的"谗言"，什么天然无公害啊，什么纯有机食物制成的呀，听起来怪玄乎的，可信度却不敢保证。还有诸如"排毒养颜胶囊"之类的中成药制品就更要谨慎了。尽管没有确凿的证据证明这些药物对身体有着哪方面的伤害，但是不能说它们就能起到良好的排毒作用，而且"是药三分毒"，谁也不敢保证那"三分毒"会不会淤积下来，什么时候又发作呀。

所以，我个人意见是，与其吃那些看不出什么成分的怪异粉末，不如就吃点新鲜的东西吧！说到底，排毒这档子事儿，做是一定要做，但是得看怎么做，不科学的方法就免了吧，不然就弄巧成拙了。

这些排毒食物记得吃

排毒不但要科学,还要有可持续性,这件事情可不是一日之功。除了上面介绍的偏方和独家"秘方"之外,还有一些荣登"排毒排行榜"的食物,它们的排毒功效也是非常好的,姐妹们在备孕的时候一定记得把这些食物安排进每天的食谱当中哦!

紫菜

紫菜富含维生素A和维生素B族,营养丰富;含碘量高,能够预防由缺碘引起的甲状腺肿大;还有软坚散结的作用,能够消除身体肿块;最重要的是,紫菜富含纤维素和矿物质,能够帮助我们排泄出体内的毒素,而且它还有很好的防辐射的作用。

同时,紫菜的食用方式也很简单。我喜欢的就是紫菜汤,当然要趁热喝,凉了腥味很重。老公有时候也会很手巧地给我做紫菜包饭,找一找韩剧里的味道。当然,紫菜还可以凉拌、爆炒或者作为配菜食用。

挑选紫菜也有讲究,要尽量选择富有光泽度的,因为质量要好一些。紫菜与韭菜相似,长成以后可以不断地采割,第一茬割的叫做第一水,往后依此类推,质量也依次下降。超市里面一般卖的都是第三水或者第四水的紫菜,也有的是到了第七水或者第八水了。所以,在挑选的时候要注意紫菜的色泽。

红豆

无论是大红豆还是小红豆,都

是很好的排毒产品，红豆中所含的石碱酸能够促进大肠的蠕动，促使粪便及时排出体外，避免姐妹们受到便秘的困扰。

芝麻

芝麻中含有一种叫做"亚麻仁油酸"的物质，这种物质能够降低血液中的胆固醇，提高我们新陈代谢的速度，能够有效地排毒减肥。生芝麻和熟芝麻都有此功效，但生芝麻的效果要好一些。

芝麻还分有黑芝麻和白芝麻两种。一般我们吃的芝麻油是用白芝麻炼出来的。备孕的时候，适当食用一点芝麻油也能起到一定的排毒效果。黑芝麻补肝肾、通肠道的效果尤甚，如果生吃，只要在拌凉菜的时候放入一点儿就可以了。

香蕉

香蕉的通便效果自不必多说，它还含有丰富的钾元素，对心脑血管能起到很好的呵护作用。

苹果

首先，苹果中富含苹果酸，能够加速我们的新陈代谢，使身体尽快排出废物。其次，苹果所含的果胶能够避免食物在肠道内的腐败以及随之产生的毒素，果胶内的可溶性纤维素可以促进粪便的排泄。所以，苹果的美容功效很不错，姐妹们备孕的时候，可以每天吃一个苹果，既排毒又养颜。

第一章 孕前三个月的准备工作

木瓜

很多姐妹对木瓜的认识都停留"木瓜牛奶"这对搭档的丰胸效果上,事实上,木瓜本身是很好的减肥水果,它含有独特的蛋白分解酵素,能够清除体内淤积的脂肪。

西瓜

西瓜最主要的作用就是利尿,被称为"利尿专家"。吃西瓜能够帮助我们排出体内多余的水分,很多毒素当然也会随着尿液一同排出。

对孩子不好的习惯，对脸蛋更不好

晚上过了十点就神采奕奕，眼睛跟狼似的冒着闪亮亮的光芒，兴奋到不行，不折腾到一两点绝不睡觉。早晨起床的时候，又成了"困难户"，不赖到最后一分钟绝离不开被窝，迟到已经成了习惯，更别提吃早饭了。这就是我持续很多年的生活习惯。

还有恼人的午餐。吃饱了就困得慌，缩在椅子上一中午，简直就是在为小蛮腰和平坦小腹添堵；不吃吧，饿得慌，下午没精神，甚至幻影重重，怎么工作呀?!

下午是最纠结的时候，晚餐是那么的独具魅力，可是减肥也是一生都不能抛弃的事业。吃还是不吃？好好吃还是敷衍着吃？总之不管怎么处理，内心都不安宁。

吃还是不吃？睡还是不睡？起还是不起？我俨然已经成为了"超级纠结姐"，想要把"孩子妈"的名号落到实处，老公首先要求我改掉这些坏习惯。

人家是这么说服我的：**对孩子**

第一章 孕前三个月的准备工作

不好的习惯，对脸蛋更不好。

比如说，熬夜。

"熬拜"、"夜猫子"，我的朋友都这么称呼我。看来熬夜之名已经传开很久了，但习惯熬夜并不代表勤奋，我最清楚了，其实熬夜说是在加班工作，但实际上是陷在看不完的电视剧中无法自拔，真正用来工作的时间很少。

长期熬夜就会导致内分泌失调，所以脸上痘痘总是此起彼伏，影响美观，更重要的是月经几乎没有准时过。准备怀孕了，月经不准时，就算不准排卵期，也就很难成功受孕。

对于那些已经怀孕了的姐妹来说，熬夜对宝宝的伤害是很大的。晚上十一点到凌晨三点是肝经活跃的时间段，但是只有在睡眠当中，肝脏才能很好地工作，为我们清理身体，排出一天的毒素。如果过了十一点还不睡觉的话，肝脏将会处于疲惫状态，排毒效果明显减弱，身体内的毒素无法排出，就会顺着血液在身体里循环流动，当然，也会顺着胎盘进入宝宝体内。

可见，熬夜这个习惯，无论在

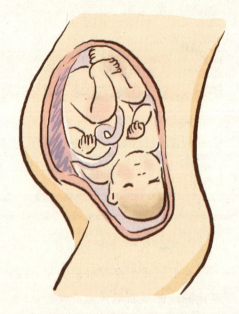

孕前还是孕期，对宝宝来说都是非常不利的。而且这个对宝宝不好的习惯对我们的脸蛋更不好，排毒不畅，皮肤就会变得粗糙、暗沉；内分泌失调又很容易让我们生痤疮，谁愿意顶着一张已然不青春却还青春痘密布的脸呢？

而且，长期熬夜还会导致失眠、健忘、易怒、焦躁不安等情绪问题，这些症状都不利于宝宝在妈妈体内安稳生活。所以，早睡早起才是正道啊！

再比如说，节食。

减肥真是我们女性一辈子的事业啊！不管是胖女人还是瘦女人，

没有谁会觉得自己肉少的。相反，几乎所有的女人就像和脂肪杠上了一样，恨不得身体里所有的脂肪都能消失无影踪，于是节食就成为了我们的常态。

可是，人又是矛盾的。办公室里吃饭时间一过，就经常会听见有姐妹要么欢呼："又成功挺过一餐！"要么沮丧地自责："又没经得住诱惑！"她们都是自己和自己较劲的"节食团"。当然我曾经也乐呵呵地参与其中，但出现的状况就是两顿节食之后换来一顿暴饮暴食，然后又开始自责，继续节食……可惜如此反反复复的节食运动反而让身体无法得到正常的营养供给，胰岛素分泌异常紊乱。

准备要宝宝后，老公说："别再节食了吧，其实你哪怕胖得像个小皮球，也一样可爱。"当然我自己心里也清楚，如果身体里没有足够的能量和脂肪，是很难怀上宝宝的，因为此时卵子的活跃度很低。

狠狠地饿着自己，也会打乱我们身体里的激素平衡，因为无法从外界摄入能量，所以体内的激素就得活跃起来，去分解那些库存的脂肪，为身体提供能量，于是，保养皮肤的激素被抑制了，内分泌也随之失调。而紧接着又一顿暴食，将各种高热量的东西狂塞进胃里，又会导致消化不良而便秘，一旦便秘，痤疮、色斑，总会自动找上门的。

另外，不吃早餐是很多姐妹节食的重要步骤，然而，不吃早餐的危害更甚。早上醒来，我们非常需要水分和营养来唤醒身体的活力。这个时候胃是空的，精气神也不足，如果不给胃来点"燃料"，就会感到气短无力。长期这样，身体的器官得不到最有效的滋养，衰老的速度是很快的。

器官衰老虽然不能目测，但就是这样隐藏着的运作才更可怕！器官活力不足会让我们很难与宝宝相处，而且衰老很快会显现到皮肤上来。相信谁也不希望明明二十六岁的自己看起来像三十六岁那么吓人吧？

还有一些不得不提的恶习，就是喝咖啡和嗜烟酒。

工作压力太大，需要清醒着的时间远比睡眠的时间多，但困倦是抑制不住的，咖啡就很好地帮助我们提神醒脑，眼皮打架的时候喝上一杯，马上精神倍儿好。

周末姐妹淘小聚，偶尔也去狂欢一下，不喝酒哪里 HIGH 得起来？反正这么些年都是这么过来的，也没见自己比别人少了点什么东西。

就算自己不抽烟，家里那位男人也许是个大烟囱。抽就抽吧，男人好点烟草也没什么，拿烟的动作也是那么性感迷人，怎么忍心让他戒掉呢？

于是，恶习成为了习惯，也就没有什么善恶之分了。

这些对于我们自己来说，还算能忍受，但对于宝宝来说，就是非常不好的事情了。

咖啡的危害不容小觑，尽管它能让我们振奋精神，但正因为如此，我们的身体在亢奋之后很容易出现内分泌紊乱和神经系统的疾病，而且咖啡利尿，还会大量带走我们身体里的游离钙，对我们自身和宝宝的骨骼都是非常不利的。

而香烟中的尼古丁等有害物质会造成胎儿畸形、早产、甚至流产。这里所说的香烟不但包括自己主动吸入的，还包括别人抽烟的时候自己被动吸入的"二手烟"。这对宝宝的危害就不用赘述了，对自己也没什么好处，这些毒物是不会放过我们"稚嫩"的脸蛋的。

酒精更不必说，它能麻痹神经系统、伤害内脏，同时阻碍身体排毒。

抽烟喝酒什么的，早就应该戒掉了，不光准妈咪得戒，那个在旁边干瞪眼的孩儿他爸也得严格戒掉。因为不论是尼古丁还是酒精，对未来胎儿的伤害都是巨大的，甚至有可能导致我们根本就怀不上孩子，使得要宝贝的整个计划都彻底"流产"。

所以说，这些不好的习惯在备孕期间一定要戒掉，自己戒，老公也要戒。作为一个过来人，我可以很负责任地说，这些习惯对宝宝不好，对我们自己更不好，想要做个美丽健康的辣妈，考虑宝宝的同时也要考虑自己哦！

保持好心情的女人最美丽

也许有的姐妹会觉得,升级当妈妈这件事情何乐而不为啊?只要想好了,就一定是朝着快乐的方向进发的。可是世事难料,很多东西都会无形中影响到我们的心情,尽管我们内心强大,神采飞扬,但也不敢保证不出现纠结的时候。

我身边的几个姐妹就曾经受到假孕的不良影响。

假孕,又叫想象妊娠,一般多发生在那些结婚多年未孕或者急于想要宝宝的姐妹们身上。看多、听多了身边人对妊娠反应的描述,再加上自己盼子心切,很容易出现和妊娠反应类似的症状,比如闭经、腹部脂肪堆积而隆起等,由于出现这些现象,更加重了自己对已经怀孕了的心理暗示,随之会恶心呕吐、嗜睡等等。结果到医院一查,发现根本没有怀孕,空欢喜一场不说,还受到了更大的打击,也产生了更多的疑惑。

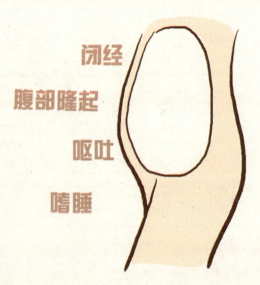

假孕造成的心理影响是巨大的，会让我们吃不下，睡不着。因为巨大的心理压力而产生的短暂闭经，也会影响到月经周期的规律性，为真正受孕增添了麻烦。

姐妹们要是遇上过一两次假孕，心情就很难再好起来。再加上体内激素失调、压力激素大量分泌，也会让人心绪不安、躁动、脾气暴躁。这些对胎儿、对自己都是不利的。

所以，保持好心情非常重要，尤其是在备孕的过程中。心情好的时候，内分泌处于正常状态，月经和排卵也很规律。同时，新陈代谢旺盛，不但能保证我们对于营养的充足吸收，还能尽快地将废物排出体外，保证皮肤的润滑度。

那么，如何抛开那些纷纷扰扰，真正给自己一个好的心情呢？

首先，我们要多多学习。

做妈妈是一门全新的功课，从受孕前开始，我们就应该着手学习如何做一个好妈妈了。这门功课也不是一天两天就能学会的，从自身的保养到知识的摄入；从宝宝在母体内的健康到它出生后的成长，我们需要每天多一点耐心来学习这些知识。同时，在学习的过程中也会让我们的内心趋于平静，让自己当好做妈妈的心理准备。

我怀孕之前，老公就从书店里购买了很多书回来让我慢慢看，这里面除了孕产和早教方面的书之外，还有一些艺术史、文学史以及励志类的书籍。不知道从什么时候开始，老公已经着手研究胎教问题，他早已经准备好了各类音乐光盘，而且叮嘱我没事就放来听听，不用刻意地去记住旋律，只要让家里充满音乐声就可以了。老公强调说，如果我学习得好，对于宝宝的智力开发是有积极作用的。

其次，开发自己的动手能力。

做做手工，让自己学得心灵手

巧还真是一件美事，在制作的过程当中也能锻炼自己的耐性。当然，我可没有能做出成衣的本事，不过照着儿童手工书学习一下折纸还是可以的，自己陶冶情操，以后还能教宝宝做手工，一举两得。

当然，自己做一些纯天然的DIY面膜，也算是锻炼了动手能力，敷在脸上还有强大的美容功效，这也是愉悦身心的好办法。

最后，要有规律地生活，并且学会积极的心理暗示。

对于那些盼子心切的姐妹们来说，积极的心理暗示尤其重要。不要因为努力了几个月都不见成效，甚至出现了骗人的假孕，就沮丧地觉得自己可能不孕了，要是再冲动地跑去专科医院，花上大半天的时间排队，听着医生冷冰冰的声音做这样那样的检查，最后对着自己也看不懂的报告单愁眉不展，就更开心不起来了。

"宝宝会来的！"我总是这样告诉自己。宝宝现在还没来，也许只是因为我这个做妈妈的的确心态不够平和，不够坦然，也不够开心，它当然不想来感染妈妈的坏情绪。所以不如放轻松，不要整天想着它怎么还不来这件事情，转移注意力，一定能够轻松起来。

另外，规律的生活是必要的，早睡早起，适当锻炼，三餐都要跟上。身体好的时候，心情也会很愉悦。

保持好心情的女性，整个人看上去都是有精神有活力的，这比整天愁眉不展的人要美丽得多。

提前锻炼，才能让孕期更漂亮

现代都市人普遍缺乏运动，我承认，我绝对不是例外的那一个。平时大都以忙为借口拒绝运动，所以，运动这件事情，喊口号的时候多，付诸行动的时候少。

可是，准备要宝宝了，躺在床上等是没错，但咱不能总躺着吧，要是自己老是腰酸背痛腿软，动不动就腿抽筋，上几级楼梯就气喘吁吁的话，怎么用强大的身体和健壮的小腰来支持宝宝十个月的"子宫之旅"呢？

再说了，锻炼不是还能够让气血顺畅嘛！免得到时候苍白着脸，天天妊娠反应吐得不行，那么羸弱的妈妈，我还是不当为妙。所以，提前就开始锻炼吧！

当然，孕前锻炼也是有针对性的，我们应该从哪里开始呢？

首先，胸部的锻炼。

相信没有哪个姐妹会不希望自己有一对形状好看，又足够大的乳房吧？那么，怀孕就是调整乳房的最好机会了，准备工作则应该从孕前三个月就开始做起。

挺翘的乳房是以胸部肌肉为支撑的，当我们怀孕之后，由于身体要为将来的哺乳做准备，所以乳房会迎来二次发育，乳腺开始增生，乳房会比没有怀孕的时候增大很多，如果那个时候我们没有足够力量的胸大肌来支撑的话，很可能在哺乳后就会迎来乳房下垂。

另外，乳腺再次发育的时候其

越来越严重的时候，有前期锻炼做铺垫的姐妹就不会感到那么辛苦了。

胸部锻炼很重要，过程也不复杂，任何扩胸运动都能够起到作用，只是要注意拉扯的强度，不要伤到韧带。我备孕时候的健胸运动是用一对小哑铃来进行的，当然如果姐妹们连哑铃都懒得去买的话，可以用两个装满水的饮料瓶代替。而且很多扩胸运动都可以同时锻炼到手臂哦，那些难看的赘肉也可以趁机拉紧一下啦。

其次，腹部的锻炼。

这点不用说，也够姐妹们着急的，因为怀孕之后变化最大的就是我们的腹部了，随着宝宝逐渐长大，我们腹部的皮肤也会被狠狠地撑开，到了宝宝呱呱落地之后，松松垮垮的皮肤很难收回来，再加上为哺乳进行的大规模营养进攻，很容易在腹部囤积下厚厚的脂肪，"小腰精"消失不见，取而代之的是"小腹婆"，不显老才怪！

所以，我们一定要提前就开始锻炼，争取在肚子没变大之前先把

实是乳腺增生，而很多不良的生活习惯可能已经导致了我们的乳腺导管有些堵塞，增生的时候就会胀痛不堪。不过，别担心，适当的锻炼和相应的按摩就能缓解这种胀痛。

再者，锻炼胸部的时候活动到的并不只是胸大肌，还有胸腔和膈肌以及肺活量，这对将来受孕以及生产是很有好处的。足够的肺活量有助于我们顺产，而膈肌弹性好的话，待到宝宝在子宫中的体积越来越大、对胸腔的挤压

肌肉巩固一下，要知道有力的腹肌同样有助于将来的生产，而且对恢复产道的弹性也有辅助作用。

同时，有效的腹部锻炼还能规范子宫的位置，使其位于盆腔正中，这样能够很好地受孕，也能很好地保护胎位。

腹部的锻炼也不复杂，睡觉前后做一做仰卧起坐就行了，而且仰卧起坐能锻炼到的不止是腹部，还有我们的腰和后背，这些都是怀孕的时候不可或缺的力量来源。

再次，背部的专门锻炼和腿部的锻炼。

怀孕的姐妹大部分都要面临水肿的难堪，因为胖胖的腿不但影响美观，自己也感觉非常不舒服。如果我们能在备孕的时候就提前开始锻炼腿部，提高腿部血液循环的速率，就能很好地避免腿部的浮肿。

腿部的支撑力量尤其重要，细溜溜的腿看起来不免有些危险，怀孕之后要是力量不足，很容易摔跤，只有坚持锻炼才能够降低意外摔倒的几率。

我现在身材看上去还和生孩子前一样好，最重要的原因就是因为锻炼开始得早，尽管有难以克服的惰性，但还是咬牙坚持下来了，所以成效不错。

当然，锻炼的时候还是需要注意一些问题的。

首先，一定要坚持。 将锻炼时间固定在每天特定的时候，比如早晨或者傍晚，坚持运动，但要注意循序渐进而不是突然进行大强度的锻炼，每次锻炼三十分钟左右。我当时给自己的安排是每天早晨三十个仰卧起坐，这个习惯也坚持到了现在。

其次，要注意服装的选择。 穿

纯棉透气的衣服运动，最好准备专业的运动胸衣，这样可以很好地保护胸部。

最后，尽量能够安排一些户外运动。 我那时候就是每天傍晚散步到山脚，然后在一片视野开阔的地方扭扭腰、动动脖子、踢踢腿、用力呼吸，既是锻炼又是享受。

身体越适合怀孕，受到的伤害就越小

我们的身体在每一个时期、每一个阶段，都有不同的阶段特征，虽然生孩子是每个女人都要经历的过程，但是这毕竟也是一项"外来工程"，孩子不是天然就存在于我们的体内的。在孩子到来之前，我们的身体只是自己的一套系统，突然要加进这么一个活生生的小生命，还要在肚子里折腾十个月，当然要用最好的状态去迎接了。状态调整得越适合怀孕，我们和宝宝受到的伤害也就越小。

那么究竟什么样的身体状态才是最适合怀孕的状态呢？或者这样问，什么状态不适合怀孕，我们又该如何主动调整呢？

焦虑期不适合怀孕。

如果去问医生，可能医生强调最多的就是准妈妈要避免焦虑，特别是那些前面强调过的迫切想要孩子且出现过假孕现象的姐妹，焦虑是不可避免的，也正是因为长期的焦虑，才影响到了正常的受孕。有很多姐妹会出现这样的状况，经过很多努力还是不能受孕，最后干脆放弃了，结果宝宝却在不经意间到来了。

如果我们在焦虑、高度紧张的时候受孕，这种情绪会很快传染给胎儿，那么很可能宝宝还在娘胎里的时候就患上了多动症。如果准妈妈长期处于焦虑状态，宝宝的体质就会比较羸弱，成长过程中情绪不稳定，自我控制能力较差，还易患上抑郁症。

而且，焦虑会导致我们肾上腺素分泌过剩，而过多的肾上腺素又抑制了卵巢内一些激素的分泌，这个时期形成的卵子质量是不高的。

我那时候也有过莫名其妙的焦虑，个人克服的办法就是洗澡。放一些轻柔的音乐，阅读一本温情的书，在这个过程中深呼吸，努力让自己平静下来。因为说实话，很多时候我根本不知道在焦虑什么，所以没缘由的事情也是能很快忘记的。

夏秋季节受孕比冬春季节受孕好。

虽然我们受孕并没有什么季节限制，但是相比之下，夏天和秋天受孕，对母婴健康方面都比较好。

因为春天气候多变，各种细菌和病毒都比较猖狂，流行性感冒、腮腺炎等也都活跃在春季。如果这个时候怀孕，很容易因生病影响到胎儿的健康；而冬天气候比较寒冷，房间经常不开窗户，通风不好，使得室内的有害气体增多，自己呼吸进去倒没什么大事，因为成人已经具备了很强的抵抗力，但是对宝宝却是不利的。

我怀孕在十一月，属于秋末，天气还不是特别冷，重要的是孩子出生在八月，而我所在的城市也不是特别热，这对我和宝宝来说很不错。

如果长期服用短效避孕药，刚停药的时候也不适合怀孕。

决定要孩子的姐妹们要注意了，如果之前一直采用避孕药来避孕，停药之后至少要让身体缓上半年再怀孕。因为避孕药的工作原理就是抑制排卵，干扰受精卵的着床环境，所以，如果刚停药就怀孕的话，孩子很可能出现先天畸形，生长和发育的速度也会受到影响。停药后休养半年，也是让子宫内膜和卵巢的排卵功能得到充分的恢复，有利于受精卵的生长和发育。如果一直使用避孕套，就不会有这方面的问题。

还有一点需要注意，如果姐妹们是因为避孕药失效而意外妊娠的话，建议进行人工流产，中止妊娠。

早产或人工流产之后不适合马上受孕。

不管是早产还是流产，对子宫造成的伤害都是不小的，此后一定要给子宫一个充分恢复的机会，特别是进行过清宫的女性。

另外，男女任何一方正在患病，或者刚刚大病初愈，也不适合马上怀孕，因为体内的病毒很可能影响到精子和卵子的质量。有的疾病甚至干扰了内脏功能，更不适合怀孕。

酒后以及雷电等极端天气不适合怀孕。

我国民间有句话，叫做"酒后不入室，雷电不同房"。

之所以说"酒后不入室"，是因为酒精里的乙醇会影响到精子和卵子的质量，从而影响受精卵的质量，所以酒后最好不要"爱爱"，就算要做，也要做好避孕措施。而"雷电不同房"主要是强调情绪对受孕质量的影响。如果受孕的时候情绪恶劣，比如突然遭到雷电的惊吓，必然会导致双方情绪受到影响，内分泌不稳定，从而影响到受孕。

所以，怀孕时机还是很有讲究的，越是挑在适合的时间，对身体的伤害也就越小。

受孕小秘籍

❤ 连续加班、长途旅行或者长时间夜生活等过度劳累的情况下不适合受孕。

❤ 受孕的最好季节是四五月份，因为这段时间的瓜果蔬菜种类丰富而且数量充裕，这对保障准妈妈的营养和胎儿的大脑发育都十分有利。

❤ 准备受孕期间，性生活不宜太频繁，因为这样会导致精液稀薄、精子数量减少；也不宜过于稀疏，不然精子会老化、活力欠佳。

❤ 备孕期不要抽烟喝酒，也不要服用药品以及接受放射线检查。

孕前的特别美容养生餐

之所以说特别，是因为孕前主要工作就是充电：为身体充电、为肌肤充电、为卵子充电。

充电很重要，理由有三。

其一， 如果营养充电不足，我们就不容易怀上宝贝，特别是我这种快迈过三十这个坎的"半高龄产妇"。体内的卵子能不能够顺利受精，除了时间掌握到位之外，和卵子自身的活力也有很大关系，如果身体营养不够充足，缺乏某些营养素，就会影响到卵子的活力，造成月经稀少甚至不孕。

其二， 如果营养充电不足，在孕早期就会阻碍胎儿的健康发育。

胎儿形成之后的头三个月，各个重要的身体器官都要分化完毕而且小具规模，大脑也在这个时间段快速地发育着，这个时候的胎儿必须从我们的身体里获取丰富的营养，考虑到孕早期很多人都会有剧烈的妊娠反应，单纯靠这个时间来补充营养显然不够，必须在孕前就有所准备。

其三，如果营养充电不足，我们的乳腺很可能发育不良，严重影响到产后的泌乳，而到了产后才来注意这个问题显然为时已晚。只有那些孕前营养充足的妈妈，生出来的宝贝才更加健康，同时还会有充足的乳汁，宝宝身体的抵抗能力也因此增强，不易生病。

由此可见，孕前的营养充电是必不可少的。

在这里就为姐妹们介绍三个孕前美容养生的"充电小食谱"。

韭菜粥

原料：新鲜的韭菜或者韭菜籽、粳米、食盐少许。

做法：把韭菜洗净切碎，或者准备好韭菜籽细末；把淘洗干净的粳米放入锅中，加入适量水，大火烧开之后改小火炖；待到粥快熟的时候，加入韭菜或者韭菜籽，煮熟后加入食盐调味。

此粥可供夫妻同食，既能够有效清除彼此体内的毒素，又能帮助男性补精壮阳，更有利于受孕。

炒猪肝

原料：新鲜猪肝、葱、姜、植物油、食盐、鸡精。

做法：葱姜洗净切碎备用，猪肝切片；在锅中放入适量植物油，烧至六成熟；葱姜下锅爆炒，然后放入猪肝片，煸熟后加入调料起锅。

这道菜富含多种微量元素、蛋白质和维生素，能够提高卵子和精子的活力，还能帮助我们预防贫血，并有效补钙。

第一章 孕前三个月的准备工作

豆腐炖海带萝卜

原料： 新鲜豆腐、海带、白萝卜、葱、食盐和鸡精少许。

做法： 海带用水泡开之后，洗净切片备用，豆腐和萝卜切片。

在锅里放入少量植物油，烧至七成热，然后倒入切碎的葱爆香；出香味之后放入海带，翻炒片刻后，往锅中加入适量的水；大火将水烧开，放入萝卜和豆腐一起炖，炖熟之后加入各种调料。

这道菜的微量元素齐聚，有助于形成有活力的卵子和精子，还能帮我们清除体内的重金属，并且能提前贮存孕期所需微量元素。

除了这些实用的食谱之外，还有一些小细节姐妹们一定要注意。

♥ **平时多喝水。** 只有充足的水分才能帮助我们的身体清除各种代谢废物，特别是在夏天。喝水的时候要注意，多喝烧开之后再放凉的白开水，因为这样的水具有独特的生物活性，提供身体所需物质，不要用饮料或果汁来代替水。

♥ **饮食尽量回归自然。** 在备孕期间尽量多吃一些新鲜蔬菜，尤其是那些土生土长的绿色蔬菜以及野生食用菌，不要刻意追求反季蔬菜。

♥ **饮食多样化。** 因为不同的食物所含的营养素不相同，营养成分的含量也不相同，所以食物要吃得杂一些，保证各种营养素的充分摄入。

提前三个月就要吃叶酸咯！

叶酸这个东西听起来很耳熟，因为之前很多姐妹怀孕初期都有不同程度的摄入，但是说到叶酸具体有什么作用，却是各说各的，似乎都是因为前人的经验而照做罢了。

那么，究竟什么是叶酸呢？

简单地说，叶酸就是一种维生素，它能够辅助合成 DNA，维持大脑的正常功能。孕前补充叶酸的主要目的是为了预防胎儿形成一种叫做"神经管缺陷"的畸形症。大约在二十年前，由于环境的改变，我们的身体里就开始缺乏叶酸了。

在备孕的时候，医生一般会建议姐妹们补充叶酸，这里所指的就是服用叶酸补充剂，也就是合成叶酸，而且服用的时间应该是从孕前三个月就开始。这是因为宝宝的神经管发育非常快，一般在孕期的前四周就闭合，并结束发育了，而很多姐妹在那个时候甚至还没有意识

第一章　孕前三个月的准备工作

到自己已经怀孕了，所以如果等到确认受孕了再补充叶酸，很可能已经来不及为宝宝预防了。

其实叶酸就是维生素B族，鳄梨、绿色蔬菜、橙汁、花生等食物都富含这类维生素，而食品企业则是把一种人工合成的B族维生素称为叶酸。虽然我们平时能够从食物中获取叶酸，但研究显示，人体对合成叶酸片的吸收效果要强于对天然叶酸的吸收。

正常人每日补充叶酸的含量为400微克，不过如果姐妹们之前怀过有神经管缺陷的宝宝，或者自身有健康问题，可能需要增加叶酸的补充量。想要确切地知道自己该补充多少叶酸，就需要做个孕前检查了，详细和医生沟通一定能得到最有效的建议。

孕前服用叶酸不单纯是为了宝宝好，其实我们就算不怀孕，身体也需要叶酸，只不过，单纯地提供自己身体所需的话，只要从食物中获取就足够了。

服用叶酸补充片的话，还是有一些小细节需要注意。

♥ **服用剂量。**叶酸的计量单位

一般有两种：毫克和微克。1毫克等于1000微克，我们每天需要摄入400微克的叶酸量，也就是0.4毫克，千万不要贪多哦！

♥ **服用时间。**关于饭前还是饭后服用，没有明确的规定，我那时候是每天饭前服用，主要是固定时间易于形成习惯，就不会忘记吃啦！

♥ **服用方法。**叶酸片应该用白开水来冲服，或者和粥、牛奶等一起食用。切忌用茶水冲服，不然会影响到吸收效果。

♥ **辅助营养素。**有些姐妹除了服用叶酸片之外，还辅助着吃一些叶酸多维片，如果这样的话，就应该把两种营养素的服用时间调开，一天服叶酸片,一天服叶酸多维片,最好不要两样同时使用,不然很可能造成维生素摄入过量。

如果单纯服用叶酸片的话,也可以相应地补充维生素C、维生素E、维生素B_{12}等。

个人的经验是叶酸片结合复合维生素一起服用,但最重要的还是从食补上下手。富含叶酸的食物包括动物肝脏、豆类、绿色蔬菜、坚果、柑橘、牛奶等等。老公翻查了很多食谱,变着花样地做给我吃,他的烹饪水平也因此提高了很多呢!

给自己准备最好的环境

为了避免怀孕之后手忙脚乱，我们在备孕的时候就要开始收拾自己周围的环境了，给自己准备一个最好的孕期环境，除了安全之外，还更加方便、快捷和舒心。

先说说家里的环境。

之前的餐桌是玻璃的，四周还有棱角，平时生活习惯了，不觉得有什么影响，不过现在准备要宝宝了，体贴的老公还是想到了隐藏的危险，于是换了一个圆形的小餐桌，虽然花了些钱，但看起来不错，重要的是内心温暖。

浴室里面，老公也很细心地铺上了防滑垫，防止我挺着肚子平衡性不好，不小心滑倒，连拖鞋也保险地换成防滑的了。

平时常用的一些东西，放置在高处或者低处的，通通都挪到了举手就能够到的地方，既不用踮脚尖抬高手，也不用下蹲来取，就连晾衣架也做了相应的高度调整。

那些容易摔坏的东西，比如瓷杯，也被换掉了，防止到时候虽然手没碰到，反而被鼓鼓的肚子从桌

子上面扫下去了。

因为受孕的时候是秋末，空气比较干燥，老公还给我买了一个可以自动感应湿度的"爱心牌"加湿器。这家伙果然下了苦工夫，坚决要先把孩子妈伺候好了。

关于鞋柜和衣柜，当然也需要整理一下啦！平时再爱美，怀孕的时候也坚决不穿高跟鞋。要是在这种情况下都还要穿的话，没多久脚就会肿成"熊掌"了，当然还有摔倒，甚至早产的危险。所以，如果害怕自己见到高跟鞋因不能穿而难受的话，还是暂时把它们都收起来，记得要保养一下再放入鞋盒里面哦，只给自己留一些舒适的鞋子在外面，安心备孕直到生产吧！

衣柜也同样要清理，紧身牛仔什么的，再自信也不要穿了，收拾

一下，把伸手就能够到的那个空间腾出来，为自己准备一些棉质的衣服。内衣裤也同样需要准备，尤其是内裤，一定要穿纯棉的。

还有一点就是家里的植物需要注意，有一些植物适宜孕妇种植，有一些则不适合。如果你刚好养了一些孕期不宜的植物，要及时送人哦！

适合孕妇种植的植物：

芦荟、吊兰、龟背竹、常青藤、铁树、金橘、菊花、月季、山茶、兰花、桂花等植物能够有效吸收那些有毒的化学物质；玫瑰、紫罗兰、茉莉、柠檬等都具有杀菌功能；还有仙人掌、虎皮兰、落地生根等都是在夜晚释放氧气，很适合作为我们的天然空气净化器。

不适合孕妇种植的植物：

万年青、夹竹桃、一品红、含羞草等植物的某些部分会产生一些有毒物质，对成人来说未必有大的危害，但对胎儿的发育是相当不利的；百合、夜来香的味道都很浓郁，闻了容易让人兴奋，睡不着觉；玉丁香和接骨木等独特的芳香气味会刺激到我们的肠胃，影响食欲的同时加重妊娠反应。

第一章　孕前三个月的准备工作

我一向喜欢百合花,所以家里从来不间断地有百合在绽放,备孕的时候不能用百合来装饰客厅了,我们也是过了好久才习惯屋子里没有了百合的香味。电脑旁的仙人掌、阳台上的吊兰、还有爸爸送给我的小金橘和兰花倒是没有什么影响,可以继续养着。

家里的环境搞定了,办公室的环境也是不能忽略的哦!

首先,要关注空调和办公桌。千万不要让空调对着自己吹,最好直接远离空调,因为那个东西辐射不小。我当时的办公桌正好对着空调,没办法只能先向领导申请,然后再和同事协商,换到了一个靠窗而远离空调的位置。

办公桌要清理一下,不要乱七八糟地堆放着各种东西,因为我们谁也不敢保证在怀孕的时候会不会因为找不到某份文件而焦躁到抓狂,不如先整理一下。从一开始就要养成每天擦桌子和电脑的习惯,因为静电吸附的灰尘会随着我们的呼吸进入身体,对健康有害。

其次,给自己准备一个舒服的椅子。这其实很简单,我只是在电脑椅上放上了一个松松软软的靠枕支撑腰罢了。考虑到孕中期可能出现的水肿,我还提前带了一个小板凳到办公室,到时候只要把腿稍微垫高一点,就能缓解水肿啦。

再次,在抽屉里为自己准备一些酸味小零食,还有牙刷和牙膏。因为妊娠初期难免呕吐,在呕吐之后要及时漱口或刷牙,以保证口腔健康。

在最好的时间受孕，娃好、你好、大家好

在怀孕之后才知道，抓住关键时间的重要性，这个关键时间不单指女性受孕的最佳年龄，更重要的是指当你准备受孕时，需要掌握卵子最"乐意"的时间段。

之前我一直觉得，只要本人点头了，那么想要个宝宝就应该是顺理成章的事情了。只要撤掉了避孕措施，在非安全期多努力做点"运动"，宝宝到来是迟早的事情。可是真的"上战场"了才明白，远没有想象中那么简单，很多东西越是想要、越是准备充分，命运就越是爱开玩笑。

好吧，先说说这个年龄问题。国内外医学家一致认为，女性的最佳生育年龄是二十四岁至二十九岁，在这个时期，女性的生殖器官、骨骼以及高级神经系统都已经完全发育成熟了，生殖功能处于最旺盛的时期，卵子的质量很高，而且怀孕之后，自身的身体素质能够保证胎儿生长发育良好，畸形、死胎、痴呆儿等的发生率都比较低。而且这个时期的女性，产道肌肉伸展性很好，子宫的收缩程度强烈，生孩子的时候不会那么费劲，事故率也很低。

如果生孩子时的年龄太小，有的器官还没有完全发育成熟，对母婴来说都是不利的。但太晚了也不行，尤其是超过了三十五岁，就算是高龄产妇了，这个时候女性的很多机能都开始出现退化，各种激素的分泌也过了高峰期，开始走低谷了，危险性也就增大。

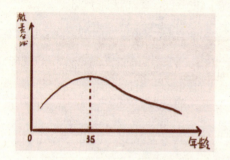

我怀孕的时候,正是踩上了最佳受孕期的小尾巴,冒险地怀上了,也庆幸将宝宝健康地生下了。

不过,备孕的时候,还是几经波折的。

简单地按照生理过程来理解,怀孕就是精子和卵子的结合,只要抓住了每个月排卵的那两天,让大批的精子蜂拥而至,总有那么一个幸运的"小蝌蚪"会撞到卵子里去的吧,然后等受精卵顺利地游到子宫着床,这"人命"的事情就算落实了。

可是,精子虽然数量众多,但卵子毕竟只有一个,重要的是这"物以稀为贵"的卵子还真的是高姿态,保鲜期很短,迅速产生迅速消融,过时一点也不等待。要是这个月没遇到那个最好的时间,就只能等到下个月了。

所以一开始,我和老公哼哼唧唧地努力了两个月,"大姨妈"还是照样来。以前害怕意外怀孕,每个月见到"大姨妈"就当真像见到亲人一般亲切呐,可是备孕的这段时间,再见到这位"亲戚",我还真是有些不待见了。

我沮丧不堪,老公整天闷着头不出声,于是我幽幽地来一句:"我说,不是你有啥问题吧?……"我男人一蹦三尺高,字正腔圆地回答道:"你瞅我这样像有问题的吗?"

后来咨询了很多朋友才知道,正常夫妻的备孕期也是在半年左右的,也就是说,就算女性二十四岁,男性二十四岁,青春健康得不得了,也未必在做好打算的那个月就能如愿以偿。

所以,努力了一两个月即使没动静也完全不必慌神,更不必像做贼一样地去不孕不育的专科医院排

队。等待宝宝，我们要的是耐心。

一般而言，排卵期在月经周期的中间，在那一天，卵子自由地离开卵巢达到输卵管，等待着属于自己的那颗精子的来临，要是这天无缘，卵子在一天之后就会失去活性。相比较而言，精子的活性就要强一些，进入到女性体内仍然能够生存七十二小时，所以就算算不准排卵期，也应该安排精子早一点进入阴道，宜早不宜迟呀！

可让人苦恼的就是，很多女性的月经并不是很规律，尤其是那些生活压力比较大，平时身体处于亚健康状态的姐妹，根据月经来临时间推测出的排卵期也就不那么准确了。就算夫妻俩都没有什么生育困难的问题，也总是难见"两道杠"。这个时候我们就应该采用一点科学手段来掌握卵子的动向。

在这里推荐一个比较靠谱的方

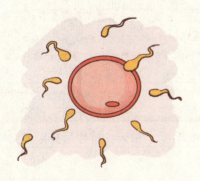

法（靠谱之说因人而异，本人不厌其烦地使用下来结果还是奏效的），就是**基础体温测算法（附后页）**。

在每天早晨醒过来之后，不忙着起床，直接测量体温，然后记录下来。我们的基础体温会随着月经周期的变化而变化。在月经到来之前，体温会相对升高，月经结束之后，体温又会下降；到了排卵期的时候，基础体温达到最低点，大约是36.4℃~36.6℃，排卵期过后，基础体温又会上升。

知道了这个规律之后，只要我们记录下每天的体温，就能更好地确定排卵的日期了。

这个方法虽然科学，但是处理起来比较麻烦，比如赖了一下床，赶着上班的时候，很容易把这件事情忘记了。

那么对于忙忙慌慌而且经常忘事的姐妹们来说，我推荐另一个方法来推测排卵期，就是**阴道黏液观察法**。

我们的身体为了保护子宫不受细菌侵害，会"指派"宫颈和阴道分泌出一些黏性液体，阻止细菌和异物的入侵。只有在排卵期到来之前，这种黏液才会变得稀薄，目的是让精子更好地进入，所以排卵期我们的白带会变得更清，而且数量明显增多，像蛋清一样有弹性。能够观察到这点，也能成功推测出排卵期。

附：

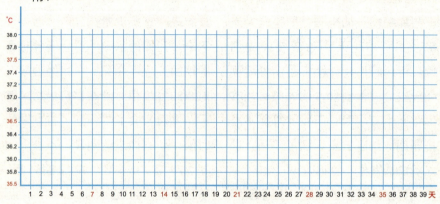

基础体温测试法表

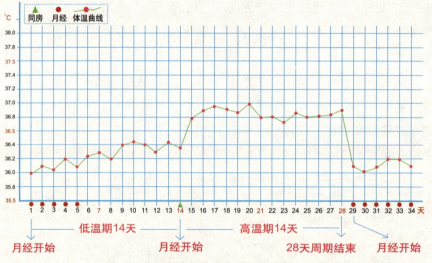

有正常排卵的基础体温曲线图

上图表示正常月经周期二十八天，基础体温曲线呈现标准的高低温两相变化。从月经开始到排卵日，低温期十四天；排卵后持续高温十四天，其中第十四天为排卵日。

准备怀孕的未准妈妈们，在第十四天的排卵日同房是比较好的受孕时机。

每个未准妈妈的月经周期不一定是二十八天，所以观察到的基础体温曲线图和图示会有差异，关键是要清楚自己的低温期、高温期，找准排卵日，合理安排自己的同房日期，成功怀孕！

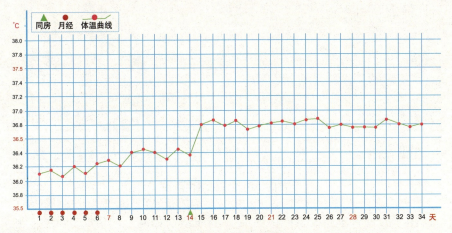

已经怀孕的基础体温曲线图

图示为已经怀孕的基础体温曲线图，高温从第十五天持续到第三十四天，已经持续了二十天。一般来说，高温持续超过十六天就是怀孕的征兆。

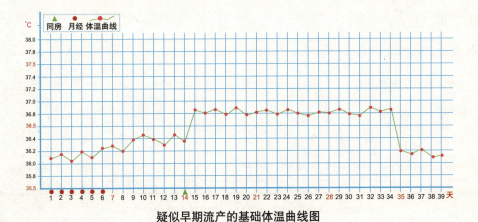

疑似早期流产的基础体温曲线图

图示为疑似早期流产的基础体温曲线图，高温从十五号到二十四号持续了二十天之后降温。一般是早期流产的征兆，女性如发现有这样的基础体温，应及早到医院就诊，查明原因。

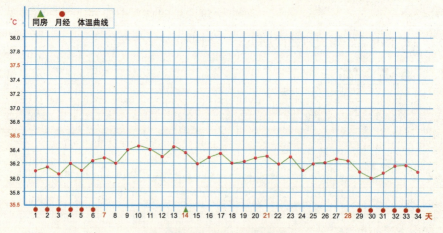

没有排卵的基础体温曲线图

图示为没有排卵的基础体温曲线图，持续低温，没有高温期，没有形成高低温双相变化，如果是测量发现有如图示的姐妹，就需要到医院就诊，检查是什么原因造成没有排卵，以便对症下药，及早治愈！

黄体功能不良导致体温缓慢下降的基础体温曲线图

图示为黄体功能不良导致体温缓慢下降的基础体温曲线图，一般而言，当没有受孕的状态下，黄体素的浓度会因子宫内膜即将脱落而急速下降。如果体温下降速度缓慢，表示说明黄体功能不良，也不利于怀孕。

黄体素浓度不够导致排卵期体温上升缓慢的基础体温曲线图

图示为黄体素浓度不够导致排卵期体温上升缓慢的基础体温曲线图，可以观察到在十五号排卵之后，十六号开始体温缓慢上升。这种情形代表体内分泌的黄体素浓度不够高，因而导致体温上升缓慢。通常也代表排卵状况不良，受孕几率下降。

从宝宝到来的那一天开始,我的每一天都洒满明媚的阳光。

辣妈的温馨提示

- 远离辐射源
- 果蔬色彩越多越好
- 维生素要跟上
- 注意身体保暖

第二章
孕前一个月，奠定美丽基础

从现在起，告别这些误区

备孕的时候，我们既要健康养生，又要美丽时尚，但很容易走进一些误区。从医学的角度上来说，任何一种保健方法都存在着利弊，我们可千万不要自动地放大了那些利而忽略了其中存在的弊端哦！擦亮双眼、绕过误区，以免弄巧成拙才是硬道理。

第一个误区：芦荟的天然美容功效

芦荟的美容功效似乎已经被越传越神，特别是在污染太多，天然食品和天然护肤品难能可贵的今天。如果你是美容达人，没有用过芦荟或者芦荟产品似乎显得有些OUT。正因为如此，我们才更容易

陷入芦荟的传说中不能自拔。

事实上，芦荟的品种大概有五百种，可以入药的只有区区几十种，而能够拿来美容的更是少之又少了，虽然它对于人体的确有很多奇妙的作用。

专家提醒我们，芦荟中含有一种叫做"芦荟大黄素"的东西，它具有强烈的通便功效，很容易引起腹泻，我们在选择的时候要有所注意。芦荟不是不能使用，只是不同

品种的芦荟性能和药效差别也很大,不同体质姐妹的使用效果也会出现很大差别。

走出误区的正确方法就是咨询专业人士,在了解芦荟的同时了解自身的体质,找到最适合自己的天然芦荟产品。

第二个误区:饭后刷牙是最健康的方式

拥有一口洁白的牙齿是每个爱美女人的追求,我当然也不例外。之前也有习惯,吃完饭马上奔去刷牙,不但能迅速清洁口腔,而且避免了口腔异味,够时尚,够有范儿吧?

可是这个习惯竟然是错误的。原因在于我们牙齿的表面有一层珐琅质,它对牙齿起到很大的保护作用,在用餐后,特别是吃了一些酸性的东西之后,牙齿表面的珐琅质会变得松软。如果餐后马上就刷牙,很容易损伤到珐琅质,久而久之,牙齿就会变得脆弱不堪,容易过敏疼痛和患病。待到怀孕时,身体内激素有所改变,牙齿疾病就很容易被激发出来。

正确的做法应该是在饭后漱口,隔一个小时之后再刷牙。

第三个误区:提前穿塑形内衣

保持好身材是一刻都不能疏忽的事情,所以就算没有时间去健身房,也要努力穿塑形内衣。但是紧紧的塑形内衣绑在身上,会影响到我们身体正常的血液循环,特别是那些工作性质属于久坐不动的姐妹们,本身体内循环的动力就比较弱,再加上塑形内衣的束缚,血液更是懒得顶着压力奋勇奔流了。

我们的腹部有很多关键的脏器,比如子宫、卵巢等等,长时间穿塑形内衣会让这些部位的肌肉紧绷,使得生理功能受到制约,过度

束腰还会影响到下肢的血液循环。

如果姐妹们需要穿塑形内衣，也要根据自己的具体情况来选择，而且穿着的时间长短也要注意，感觉身体不适，就不要再穿。

第四个误区：无考察的野外活动

健身房憋闷，机械化让我们不得开心颜，跑步机沉闷的声音让我们体会不到任何健身的快感，反而觉得无法解压。于是，健身房彻底过时，我们要选择更有品位的健康人生——"暴走族"的野外生存训练！

我承认，在户外运动的确比在健身房更有感觉，也更健康。但是野外生存训练也是有风险的，不考虑天气、蚊虫叮咬、夜晚凉气容易入侵体内等因素的"野战"，都是不理智的。要知道潮湿的地方容易让我们滋生皮肤病，这是很多姐妹事先都没有想到的。

第五个误区：常吃海鲜

海鲜营养丰富，而且不用担心有发胖的危险，是我们备孕时补充蛋白质的最佳选择。但是现代人由于营养过剩，经常吃海鲜，反而容易爆发各种"富贵病"，比如痛风。因为海鲜中含有大量的嘌呤，吃得过多，人体内嘌呤物质的新陈代谢发生紊乱，尿酸的合成增加或者排出减少，造成高尿酸血症，血尿酸浓度过高时，尿酸以钠盐的形式沉积在关节、软骨和肾脏中，引起组织异物炎性反应，就形成了痛风。所以吃海鲜也要慎重哦。

懂常识，提升"幸孕力"

提到怀孕，就有一个词语不得不同时提起，那就是"宫外孕"。

有一项最新数据显示，大约每五十次的妊娠，就有一次宫外孕出现。当宫外孕不幸发生的时候，很多姐妹由于认识不足，没有让自己得到充分的调养而导致习惯性流产，由此对怀孕产生了严重的心理阴影。

恐惧来源于未知，在备孕期间，我们有必要对宫外孕的知识做一些相应的了解，才能做到有备无患。

在正常情况下，卵子受孕后，会通过输卵管最终到达子宫中并且在那里安营扎寨。在此途中却有出现意外的可能，因为一些"堵车"现象，受精卵走到半路就被堵住了，"被迫"在子宫之外的地方停留下来，做短暂的驻扎。当然因为地方不对，这个受精卵最终会作废，但未作废前的这个受精卵却像是一颗"定时炸弹"，可能会发展成宫外孕，随时都有危及准妈妈生

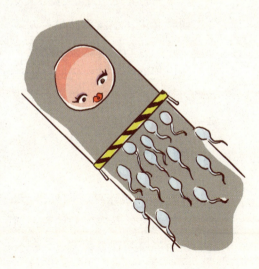

第二章　孕前一个月，奠定美丽基础

命的危险。

可能有的姐妹会说，我从来没有做过人流、性伴侣单一、没有妇科疾病……不可能那么倒霉吧？大家千万不要心存侥幸，储备一点知识对于我们来说是必要的。

其实，宫外孕并不像我们想象的那样难以发现，并不是非要到最后一刻，因为疼痛、大出血、昏厥而被送到医院急救的时候才能检查出来。

宫外孕在爆发前，是会发出足够多的预警信号的，就看我们是不是能及时发现了。

信号一：小腹非常痛

几乎有百分之九十的宫外孕发生在输卵管内，小腹疼痛是最明显的症状，一般的感受是会突然在下腹一侧出现剧烈阵痛，同时还会伴有恶心呕吐等现象。如果出现了这种情况，请及时就医。

信号二：停经

停经也是宫外孕的明显信号，很多女性在宫外孕爆发的约六周前会有短暂的停经现象，但是大部分人都会将其归咎为压力太大而掉以轻心。所以要提醒姐妹们，如果出现莫名其妙的停经状态，还是要到医院检查一下为好。

信号三：出现不规则出血

突然会出现像月经一般点滴状、深褐色的血液，但没有月经量那么多。

如果在非经期出现这样的出血情况，很可能是宫外孕引起子宫内膜剥离导致的，应该提高警惕。

信号四：突然晕厥

可能会出现腹腔内急性出血或者突发性的强烈腹痛，并伴随面色苍白、血压下降、冷汗淋漓等症状，甚至导致突然昏厥。

如果出现上述现象，姐妹们不要惊慌，一定要及时就医，找出原因所在。

宫外孕本身并不可怕，可怕的是宫外孕之后给姐妹们带来的身体和心理上的影响。其实，即使我们真的不幸遭遇了宫外孕，只要在手术后注意一些小细节，就能成功受孕，继而拥有一个活泼可爱的小宝宝。

那么，宫外孕手术后我们需要注意的具体细节有哪些呢？

细节一：保持好的心情，提升免疫力

一旦发生过宫外孕，相信没有几个人能真正做到淡然处之，或多或少都会有一些害怕、担忧和痛苦的情绪。但过多的担心和患得患失会严重影响到性生活的质量，就算身体能够复原也很难成功受孕。

维生素C、维生素B_1、维生素B_6以及钾元素都是对抗女性抑郁心理的必要元素，而且它们还能提升机体的免疫力，这些元素通常出现在坚果、巧克力、奶酪和苹果当中，所以适当地吃这些食物对我们是有好处的。

细节二：穿纯棉内裤是对自己最好的呵护

我们的输卵管是一个内外相通的结构，也就是说，细菌只要进入阴道以后，就能够直接找到输卵管，进入腹腔。尤其是在术后，阴道的自我保护能力大大下降，细菌有了更多可乘之机，所以，穿百分百纯棉的内裤是最好的选择。

细节三：呵护子宫，预防宫寒

宫外孕手术之后，最重要的保养要素就是保证子宫的温暖，避免宫寒。因为宫寒既不利于身体的恢复，也不利于受精卵的着床。

不妨试试艾灸，现在药店都有专门的艾条和艾灸工具，只用每天坚持用艾条在小腹处进行熏烤，每次十分钟即可。艾叶中含有很多微量元素和一些具有珍贵成分的挥发油，能够温通气血、促进血液循环，起到温暖子宫的作用。

细节四：定期检查，预防炎症

宫外孕手术之后，任何私处的变化都不可以掉以轻心，一定要做到严防死守。如果已经患上阴道炎等妇科疾病，一定要马上就医，不

要在家里自行处理，以防感染。

除了要注意以上细节外，在宫外孕手术后的调养期，对有的习惯一定要SAY NO！

❤ **对全天候卧床静养SAY NO！**

可能很多人在做完手术之后都会得到这样的忠告——一定要卧床静养。于是很多姐妹都选择整天躺在床上休息，其实这样并不好，整天躺着不动，反而会让我们的肌肉处于紧张状态，对身体的代谢循环很不利。

正确的做法是在休养的过程中配合一些香薰疗法，让身心彻底放松下来，激活身体的内部循环，将四肢伸展开来，有利于肌肉的放松。另外，也不要完全卧床，可以适当起来晒晒太阳。

❤ **对每天洗一次澡SAY NO！**

手术后注意个人卫生是必要的，很多姐妹会在走出医院之后就马上回家洗澡，殊不知这样反倒增加了感染的几率。

我们应该事先和医生沟通好，如果医生认为我们个人的恢复状况适宜洗澡了，再去洗澡也不迟。洗澡的时候要注意，一定要淋浴而不是盆浴，且不宜过于频繁，两天一次即可。洗澡的时间不要过长、水温也不要过高，防止虚脱。

❤ **对赶紧继续努力怀孕SAY NO！**

有的姐妹倒是没有多少术后阴影，反而会迫切地想要再次准备受孕。事实上，在宫外孕手术后，即使休养了三个月时间，也是不够的，我们的生殖系统也没有做好充分的准备，这个时候匆忙怀孕只会增加流产的几率。

宫外孕之后，请完整地休息满一年再考虑怀孕的事情吧，而且在准备怀孕之前，一定要做好相应的检查，了解身体各项健康指标，并提前告知医生自己的宫外孕史，以求得到最有效的建议。

要做未来的辣妈，果蔬一个都不能少！

因为很多养颜美体项目不能再碰了，感到内心惶恐不安，觉得青春可能到此终止了，这辈子也就毁在这么一件事情上了，孩子一出生，彻底沦落成老妈子，美丽啊性感啊，都渐行渐远，变得朦胧，再也抓不住啰……

真是这样吗？不瞒姐妹们说，我开始也有这样的担忧，简直要把自己折磨出抑郁症了，但思前想后，唯有积极地面对自己的改变，及时掌握"第一手资料"，才能想出好的应对措施。

未来还要想美，现在就要提前做好准备，比如蔬菜瓜果，一定要多吃。

力荐六种经典水果

樱桃

樱桃富含铁元素，是天然的补血佳品。据说当年的英国女王伊丽莎白每逢"大姨妈"来的时候，都要吃下去至少半磅的樱桃，就为了补充流失的血液。当然，我们怀孕了，不来月经就不用吃那么多补血

了。不过樱桃的确能让人面色红润、唇色鲜亮健康，而且，樱桃还有能与阿莫西林媲美的消炎功效。我怀孕的时候就不幸地犯了阴道炎，又不能用药物治疗，弄得整天痒痒，非常不舒服，但吃了几天樱桃之后，居然奇迹般地康复了。

橘子和橙子

这两种水果就像是同胞姐妹，所以放在一起推荐啦！橘子和橙子都富含维生素C，是非常好的美容水果。中医认为，如果过度食用这两种水果，会破坏人体内的阴阳平衡，造成气血失调，引起"上火"。所以适当地吃一点可以，但不要过度食用哦！但是有的姐妹吃橘子的时候，会把附着在橘子瓣上的那些白色的丝状物撕掉才吃，因为那些东西口感苦苦的，不太好吃，其实正是这些苦的东西缓解了橘子的性热，如果总是挑拣干净才吃橘子的话，就更容易上火了。

木瓜

木瓜中含有一种叫做"木瓜酵素"的东西，能够帮助我们的身体分解肉类蛋白质，消化不良的姐妹非常适合食用木瓜。那些千娇万宠的准妈妈，婆婆和老妈比拼着做营养大餐往你们肚子里送，太营养的东西吃多了会不消化的。这时候，就可以在饭后吃少量的木瓜来帮助肠道消化那些难以吸收的肉类了。而且，木瓜还能有效预防胃溃疡和肠胃炎。

木瓜在美容方面也有显著的功效，因为木瓜酵素能够分解肌肤表面的角质层细胞，去除多余角质，同时，它还有丰胸的功效。因为木瓜单独吃会微苦，所以老公都是用榨汁机给我做木瓜牛奶来喝。

草莓

草莓不但肉汁甜美,还有抗癌的功效。同时,草莓还能使我们保持口气清新,可以巩固牙齿、保持口腔健康,还有滋润咽喉的功效。

香蕉

香蕉富含大量的纤维素,能够缓解我们便秘的苦恼,提高新陈代谢的速度,及时清除体内毒素。更重要的是,香蕉中含有一种叫做"凝集素"的蛋白质,它对于真皮组织的再生有良好的辅助作用,对于我们的皮肤来讲,只有真皮层好,才是真的好啊!

而且,香蕉抗抑郁的功效是公认的,孕期焦虑,吃点香蕉缓解一下就不错。不过香蕉也不是全无缺点,它富含钾元素,如果我们摄入了大量的钾,就会抑制心血管系统的活动能力,所以那些心脏功能不是很好的姐妹就尽量不要多吃香蕉啦!

当然,以上的水果要是能放在一起吃效果也不错,把木瓜、香蕉和草莓都切成小块,放入几颗樱桃,再倒入一杯酸奶拌匀,这就成为一道营养丰富、口感酸甜的水果大餐了!

力荐三种经典食物

玉米

这些年来,玉米被称为"世界上最好的食品之一",这是多么高的赞誉啊!尽管玉米看起来朴素至极,根本没有华丽丽的"大腕范

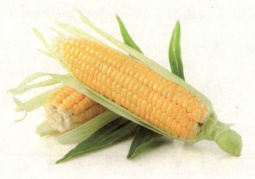

儿"，但它却是深藏不露、内涵丰富的好东西。全世界五个著名的长寿地区中，有三个地区的居民主要以玉米为食。

玉米中富含谷胱甘肽以及不饱和脂肪酸，这两种物质同时作用会产生强抗氧化作用，大大提高我们的免疫力。而且玉米含有很高的纤维素，所以孕前，包括孕期内都可以吃些玉米来改善一下被精粮娇惯了的肠胃。

红薯

"红薯吃多了会发胖"的传言迟早会不攻自破的，事实上每100克红薯产生的热量比100克米饭产生的热量低三分之一。也就是说，如果一定要强调热量的话，吃米饭比吃红薯更容易发胖。

那我们就不要纠结在红薯的热量问题上了，看看它其他的好处吧。

红薯中的化学物质含量很低，纤维素含量却很高，而且还含有丰富的维生素 B_1 和维生素 B_2，能够保证我们身体对维生素的需求。

红薯中还有大量的赖氨酸，能够迅速加强我们的饱腹感。它还含有一种类似雌性激素的东西，能够保护我们的皮肤，延缓衰老。这对于怀孕后孕激素大量分泌，而雌激素被严重"打压"的我们来说，无异于一道曙光。

也正因为红薯的高纤维素，吃下去后饱腹感很明显，所以如果吃多了也会令肠胃不舒服的，特别是消化功能不好的姐妹要慎食。

苦瓜

别皱眉头！别皱眉头！！

好吧，我承认，要让大家都爱上苦瓜几乎是不可能的。因为这个东西不但长得有点寒碜，而且味道也实在是不招人待见，要是经前吃多了苦瓜，还会引起痛经。这么不讨人喜欢的东西为什么我还要推荐呢？

这是因为苦瓜含有高能清脂素,这种难得的成分是最好的减肥药。怀孕之后,我们的体质会有所改变,大部分姐妹体内性热,容易燥热上火,所以,适量地吃一些苦瓜能达到清热去火的功效。

相信没有谁希望自己脸上痘痘丛生,直到生产之后也依旧此起彼伏吧?

不过一次可不要吃得太多哦,因为苦瓜性寒,脾胃虚寒的姐妹也不宜食用。

当然,这只是个人推荐的一些比较有代表性的果蔬,其他的比如桃子、苹果、猕猴桃、芦笋、花椰菜、金针菇等都是不错的食物,关键是不要挑食和偏食。大家也不要忘了避开那些可能会引发流产的食物,这在下一章里会详细介绍。

晒太阳可以，晒紫外线就免了

先普及一下紫外线知识吧。

大家都知道，太阳会放射出不同种类的射线，它们都是以电磁波的形式进行空间传播的。这些射线当中的很大一部分都被地球的大气层反射或者吸收了，剩下的部分就会穿越臭氧层到达地球表面。太阳放射的射线中约有百分之十是紫外线，而这些紫外线又有百分之九十被臭氧层"处理"掉了，只剩下百分之十到达地表。

紫外线有三种类型：短波紫外线、中波紫外线和长波紫外线。

波长最短的一种叫做短波紫外线（UVC），它一般是无法到达地表的，直接被臭氧层吸收或反射了。

中波紫外线又叫UVB，有少量的UVB能够穿透臭氧层到达地表。UVB对人体是有很大伤害的，它会使我们皮肤老化、晒伤，影响免疫机能，还会损伤我们的DNA，甚至可能引起皮肤癌。

长波紫外线又叫做UVA，有接近百分之九十的UVA都能到达地表。它对皮肤的晒伤性和破坏强

度赶不上 UVB，但同样对皮肤有伤害，而且会极大程度地抑制我们皮肤的免疫系统机能。

皮肤是人体最大的器官，它由很多层细胞构成。我们的机体和外界环境中间就隔着皮肤，它是保护者，也是信息传达者。紫外线辐射会损伤我们皮肤细胞中的 DNA，这些 DNA 一旦受损，就有可能癌变。

简单地说，紫外线晒多了之后不但会让我们变老变丑，满脸长斑，最严重的是还可能患上皮肤癌。

所以，晒晒太阳活动活动筋骨，加快身体新陈代谢是不错的锻炼方式，但吸收紫外线就免了，对于紫外线，我们一定要防范到位哦！

有的姐妹会说，晴天大太阳的时候，多涂抹点防晒隔离霜就可以了；阴天，没太阳的时候，就可以让皮肤自由呼吸，不用再抹那些油腻腻的防晒产品了。

很遗憾，这种想法是错误的。

紫外线的强度是分级的，一般分为五级。一级最弱，下雨天就在这个范围内；二级较弱，通常是阴

天时候，也就是说，不管是阴天还是下雨，都不能阻挡紫外线在地表的活动，尽管我们看不到有阳光，但不代表没有紫外线；三级中等，多云转晴，偶尔能看见一点太阳的时候；四级较强，表现为晴天的时候；五级最强，那就是大太阳晒着的时候了。

每年的四至九月份都是紫外线照射最强的月份，所以在这几个月份，每天的上午十点至下午两点，最好避免户外活动。

不过，远离紫外线，难道就不能晒太阳了？要是我们的身体一直见不到阳光可不是好事啊，会滋生很多细菌。但如果晒太阳，又担心

第二章 孕前一个月，奠定美丽基础

脸上晒斑、老年斑丛生，怎么办？

想想自己的防晒措施到位了吗？想想自己对防晒的理解到位了吗？正确的做法是，只要进行户外活动，防晒隔离必不可少，想要做美美的妈咪，一切的一切都不可掉以轻心哦！

其实也没有那么苛刻，只要做好防紫外线的工作就 OK 啦！

避免强紫外线时段出门。

强紫外线时段，也就是在正午的时候，尤其是夏天，不但晒，而且温度很高，姐妹们能躲则躲吧，不要出去受那个罪啦。

防晒霜的选择。

正规的防晒霜都会标有 SPF 值和 PA 值。SPF 值指防晒系数，是根据人体在紫外线照射下产生红斑的时间计算出来的一个数值，用来测量该防晒品对紫外线中的 UVB 防御能力的检测指数。

举个例子，假设紫外线的照射不会随时间改变，一个没有经过任何防晒措施的人站在阳光下二十分钟，皮肤就会变红。如果他擦了 SPF15 的防晒品之后，皮肤变红的时间就会延长十五倍，也就是在三百分钟后，皮肤才会变红。

PA 值是测量该防晒品对紫外线中的 UVA 的防御能力的检测指数，效果分为三级：PA+，PA++，PA+++。加号越多，就表示效果越好。

一般早晚或者阴雨天气，只用涂抹 SPF 指数低于 8 的防晒品就好了；中等强度的阳光照射，SPF 指数在 8~15 之间即可；强烈阳光下，选择使用 SPF 指数大于 15 的产品。事实上，PA 级数在 PA++ 这个级别就够了。

防晒指数并不是越高越好，因为 SPF 值越大，防晒霜的通透性就越差，涂抹在脸上之后，皮肤的呼吸效果也会变差，引起毛孔堵塞。所以，我的梳妆台上可不是只有一瓶防晒霜的，各个级别防晒指数的

防晒霜我都为自己准备全了,根据天气来选择,在紫外线入侵之前有效保护皮肤,让其畅快呼吸。

正确使用防晒霜。

除了按天气和季节来使用之外,防晒霜该什么时候涂抹也是有讲究的。出门前十分钟再涂抹防晒霜,要达到每平方厘米两毫克的量才好,而且要涂抹均匀,千万不要因为是花大价钱买来的防晒霜,就要省着点用,如果只用一点点,并且抹不均匀的话,脸上就会被紫外线偷袭到,一块一块地长斑哦!

不要光抹脸,脖子、下巴、耳朵和耳根后的部位也不容忽略。如果在阳光下活动的时间长,两个小时之后要补擦一遍防晒霜。

出门穿戴有讲究。

出门晒太阳,最好选择浅色的棉、麻质地的服装,或者不管什么质地,必须要纺纱细密,达到一定厚度,就能有效阻挡紫外线。给自己挑选一顶宽边帽,除了能遮住脸部之外,对耳根后和脖颈都有保护作用,也不要忘记给自己挑选一副防紫外线功能的墨镜。

辐射=色斑，远离辐射=远离色斑！

清早起床，先用烤面包机做两片吐司，牛奶塞进微波炉，当然电磁炉上还要架上平底锅煎两个鸡蛋，电咖啡壶煮上热咖啡，最后再从嗡嗡作响的冰箱里拿出头天准备好的生菜，配上番茄酱或沙拉酱。一顿丰盛的营养早餐就要开始了，我的小资生活多亏了这些现代化的家用电器。

可是在运用这些方便操作的电器时候，我自己也暴露在了电磁辐射之中。

下面就是我在生活中的一些坏习惯，姐妹们也要引以为戒哦。

微波炉搞定一切

微波炉的出现真是大大改善了

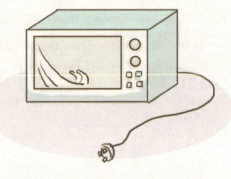

我的生活，不但经济实惠且使用方便。对于我这种又懒又没有什么厨艺的人来说，简直好处一箩筐，所以几乎每顿饭都少不了微波炉的帮忙。

微波炉的工作原理是通过释放微波产生的能量来加热食物，这就属于电磁辐射了。根据检验报告显示，微波炉的电磁辐射是其他家电的几倍，而且不管后来出现的什么光波炉，还是高性能的微波炉，都没有免去辐射的危险，平时使用姑且有害，更不要说肚子里有宝宝的时候了。所以从备孕开始，我就视微波炉为"大敌"，几乎不再碰它了。

可能有的姐妹并不能完全避免使用微波炉，只要掌握了正确的使用方法，微波炉也未必那么可怕。

从购买微波炉的时候就应该有所注意啦，要根据厨房的大小来选择微波炉，保证使用微波炉的时候，人可以在一米开外做别的厨房工作，否则厨房太小，微波炉太大，整个厨房就成了"雷区"。在微波炉工作结束后，稍微等待一分钟再去开启，准妈妈则一定要穿着防辐射服来进行操作。

在备孕前，最好还是检查一下家里的微波炉有没有什么"病变"或者损坏。最好的办法就是在微波炉工作的同时拿收音机站在一旁，如果收音机明显受到干扰，就说明微波炉可能会泄露电磁波，需要修理啦！

停不了的冰箱

如果没有冰箱，我们从超市采

购的大堆东西放在哪里保鲜？如果没有冰箱，我们的剩菜剩饭丢在哪里保质？如果没有冰箱，可口的冰激凌就不能存在家里；如果没有冰箱，炎热的夏天就没有冰凉的爽肤水可以使用……

冰箱一出现，就成了生活不可或缺的东西了，但冰箱工作的时候却制造了高磁场环境哦。如果我们尝试着把冰箱和电视插在同一个插排上，那么当冰箱工作，尤其是制冷的那个时段，电磁波就会导致电视的图像不稳定，可见电磁波是非常大的。很多人习惯把冰箱放在客厅里，尤其是摆放在沙发旁边，这是非常不科学的。因为冰箱释放出来的电磁波会形成一种电子雾，影响到人们的神经系统和生理功能，这就不只是长斑那么简单了。

所以，一定要远离冰箱辐射。冰箱应该放置在厨房等不经常逗留的场所，而且冰箱的后背对着的那面墙一定不要是卧室的床头对着的墙。平时应该注意清洁冰箱的散热管，因为散热管灰尘积得越多，电磁辐射越大。因此，改变冰箱摆放的位置，清洁冰箱的背部，这是备孕的时候必须做的工作。

关不掉的电视机

备孕的时候，一直觉得嗡嗡作

响的台式电脑辐射很强，所以减少了很多上网的时间，把娱乐改到了电视机上面。

其实电视也有辐射的，所以半年前，我们买了新的背投电视，据说辐射非常小，只要掌握合适的距离看电视，而且时间不看那么长，基本不会影响身体。但老公还是不放心，就在电视旁边摆上了两盆小

仙人掌，而且规定我每天只能看两三个小时的电视，看完之后一定要先洗脸。

离不开的电脑

娱乐不用电脑了，工作却基本离不开它。

电脑里的芯片以不同的频率振荡，内存条在工作的时候也有自己固定的振荡频率，这些不同频率的电磁振荡向外传播形成电磁辐射。来自电脑的辐射会阻止我们身体内某种酶的合成，而这种酶与脑细胞之间传递信息的物质密切相关，长期使用电脑会影响我们的脑部神经。电脑辐射也会造成肌肤长斑，严重影响美丽和情绪。

所以，我在备孕的时候就开始穿防辐射服上班啦，而且用完电脑之后很勤快地就去洗脸了，平时也不忘多喝新鲜的水果汁，清除体内堆积的毒素。

可是电磁辐射无处不在，我们总不能整天将自己裹得严严实实如履薄冰般生活吧？

我总结了一些小妙招，能够有效告别暗黄、防止长斑。

每天喝杯酸奶。

酸奶含有各种益生菌、矿物质、维生素和蛋白质等，能够提高皮肤表面的含水量，赋予肌肤光彩。酸奶中的维生素B还能帮助我们有效抵御辐射的伤害。

每周进行一次皮肤的深层清洁。

孕前一个月，我们应该为皮肤奠定最好的基础，再加上防辐射的必要性，每周要记得做一次深层清洁的面膜，真正地清除缩在皮肤里的杂质。

喝点红枣粥和绿茶。

红枣补血润颜，绿茶则富含丰富的维生素A原，被人体吸收之后能够迅速地转化成维生素A。而且绿茶本身就有抗氧化的作用，能有效地改善我们暗黄的脸色。

使用隔离霜。

隔离霜能阻隔尘埃的同时,也能阻隔部分辐射,让我们的肌肤在强大的辐射面前稍微安全了些。但隔离霜仅是隔离,不能避免这些东西在脸上的附着,所以使用隔离霜后一定要注意洁面。

随身带保湿喷雾。

肌肤缺水也是长斑的幕后推手之一,所以保湿就显得更重要了。除了每天喝足够的水之外,准备一瓶保湿喷雾,隔几个小时就用一下,让缺水的肌肤精神起来。

钙铁锌硒维生素，准孕妈的元素活力餐

不要以为钙铁锌硒维生素等身体必需品还停留在从天然食物中艰难获取或者只能服用小药丸的阶段。现在我们食用的很多食物当中都已经添加进了维生素，比如运动饮料中加入了钙离子、面包中加入了纤维、能量棒里加入了铁元素，而麦片中这些营养素几乎都具备了。

所以，观念应该改变了，不是我们挑选什么来补，而是众多的食品当中，哪些含有以下营养素，这就成为我们是否购买的新参考标准了。

下面为姐妹们介绍一下各种营养素。

钙

钙是我们骨骼健康不可或缺的元素，能够帮助我们降低罹患结肠癌的风险，还能降低胆固醇和血压。几乎每个人都需要补钙，因为我们的饮食结构导致我们很难从天然食物和日常膳食中获取到足够的钙。

中国人的饮食虽然有很多养生的窍门和优点，却缺少那些含钙高的食物，比如乳制品，它们是被世界公认的最好的补钙食物，而中国人的摄入量明显偏低。

想要呵护骨骼健康，尤其是为怀孕打下良好的基础，我选择了那些骨骼喜欢的食物，优质的牛奶以及配方合理的奶粉都不错，再吃一些豆类辅助补钙。

另外，钙的吸收需要维生素D_3来帮忙，它能帮助钙在骨骼上沉积，减少钙流失。不然钙在身体里就没法停留，怎么来的还得怎么去，所以强化了维生素D_3的奶粉或牛奶补钙效果更佳。

铁

缺铁会让我们头痛，而且影响我们对很多事情的耐力。很多姐妹会固执地认为，只有那些素食主义者才容易缺铁，其实不然，就算我们身为肉食动物，并时常从红肉中摄取一些铁，但仍有可能摄入不足。有将近一半的女性每日摄入的铁元素都不足，准备怀孕的未准妈妈更需要铁元素。所以还需要多了解一些含铁食物。

牛肉是铁的主要来源，但就算每天摄入大概85克的牛肉，也只能满足身体对铁所需的百分之十三。剩下两个主要来源是牡蛎和鸡肉。牡蛎受地域限制很严重，内陆地区就算吃得到新鲜牡蛎，价格也是很贵的，而且我们也不可能把鸡肉当做主食。

另外，豆类富含铁元素，但我们的身体却不能将其完全吸收，因为豆类在含铁的同时还含有一种叫做植酸的化合物，会减少百分之五十的铁吸收。那么，怎样保证铁元素的摄入呢？

其实很简单，一碗米饭、一个蔬菜汉堡或者一份意大利面就能够帮助我们摄入每天所需铁元素的百分之四十六，再吃一些鸡肉、牛肉

DHA 能促进我们细胞和神经系统之间的联系和沟通。鱼类所含的另外一种脂肪酸 EPA 则能够控制炎症，有效保护我们的心脏。

摄取新鲜的鱼肉或者鱼油是获取 DHA 的最好途径。当然这样也能同时补充 EPA 和 Omega-3，所以可以吃点海鲜，尤其是鲑鱼、牡蛎和鳟鱼，不过我对这些东西都不是很感冒，所以选择了成品鱼油来代替，每天吃一粒，效果还不错。

或者牡蛎、豆类，就足够了。

锌

人体所含的锌元素是微乎其微的，但它却直接参与了细胞的生物代谢，我们身体里的蛋白分解酶、氧化酶等都需要锌的参与才能发挥作用，而且未来的宝宝也非常需要锌元素。特别是在孕初期，宝宝大脑发育不能缺少锌元素，否则会影响到他的智力和记忆力。

锌元素可以从很多食物当中获取，比如动物内脏、瘦肉、乳制品、坚果类以及海鲜类等等。

DHA

DHA 的学名叫做十二碳六烯酸，是鱼类特含的脂肪酸之一。

维生素A

明眸皓齿是美女的标志之一。洁白的牙齿和钙脱不了关系，明亮的眼睛则离不开维生素 A 的呵护。维生素 A 分为两种，一种是类胡萝卜素，通常都存在于那些常见的对身体有好处的食物中，比如胡萝卜、

第二章 孕前一个月，奠定美丽基础

菠菜和哈密瓜等。不过对于大多数女性来说，不可能摄入太多的类胡萝卜素，因为身体几乎不吸收。

维生素 A 的另一种叫做视黄醇，它大量存在于肉类和奶制品当中，而且现在的食品加工已经把视黄醇添加到诸如松饼等零食和低脂酸奶当中了。我们的身体需要视黄醇来帮助我们抵抗感染，保护眼睛和皮肤的健康，但是如果摄入的维生素 A 过多，则会伤害到骨骼，所以这种维生素 A 在摄入的时候千万要小心。

人体每天只需要摄入二千三百个国际单位就足够了，标明食品添加的成分真是一件好事，我们可以根据营养素的标注来选择自己所需，这样能够有效控制维生素 A 的摄入量。

维生素E

维生素 E 是当之无愧的抗老明星。因为它是一种抗氧化剂，能够帮助我们保持心脏和免疫系统的正常运行。可惜没有多少食物能够直接为我们提供维生素 E，所以还要依靠那些添加维生素 E 的强化食品以及一些营养补充剂来维持，但是要注意摄取量哦，每天 14 毫克即可。

我备孕的时候倒是没有担心过维生素 E 的摄入，因为从二十五岁起，我就开始每半年吃一瓶维生素 E 合成胶囊了，所以皮肤的弹性依然很好。

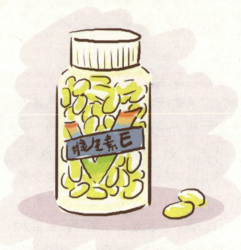

维生素C

好皮肤几乎是维生素 C 创造的，因为它的抗感染能力强大，能让我们的皮肤充满光泽且有弹性，甚至能帮助我们有效减肥哦。当然孕期是不能指望通过维生素 C 来达到减肥效果的，我们需要的是它强大的护肤功能。

依然遗憾的是，几乎所有人都会缺乏维生素C，虽然它很容易就能够从食物当中获取，但无法达到身体所需的量。也许是因为我们吃的不够多，更可能是烹饪方式的问题。对于那些富含维生素C的蔬菜，最好能够生吃，如果不行，烹饪的时间和温度最好有所控制，温度不要太高，加热时间不要太长，最好不要炒来吃，改成蒸或者微波加热。

维生素D

维生素D最主要的作用就是促进钙离子的吸收，还能降低我们罹患结肠癌、乳腺癌、糖尿病和心脏

病的危险。光线不足无法促使我们的身体生成维生素D，想要发挥促进钙吸收的功效是需要通过紫外线作用的，但强烈的紫外线却会伤害到我们的皮肤。

因此，额外的补充是必要的，维生素D大多藏在那些高脂肪的海鱼以及动物肝脏和蛋黄中。

维生素K

维生素K摄入不足，会增加骨折的风险，要是再缺钙，风险就更大了，为防止孕期行动不便发生意外，我们应该提前补充一些维生素K。如果姐妹们平时没有食用大豆、绿叶蔬菜、油菜籽或者橄榄油的习惯，更是需要注意补充维生素K。它大多藏于鱼肝油、豆油、螺旋藻以及海藻当中，当然也可以服用含有维生素K的多种维生素片。

我们要孕，还要活力十足地孕，活力元素的补充，为我们的孕期打下坚实的基础。

美丽可以，但千万别以降温为代价！

身体调理得差不多了，家里该收拾的也都收拾了，该调整的也都整得井井有条，连漂亮的孕妇装和孕妇鞋，老公也乐颠颠地买回来了，公公婆婆、老爸老妈也是一一通知了，他们三天两头上门来探望加做饭……还未成为"女王"，我就已经华丽丽地享受了"女王"的待遇。

趁小身板还看得见锁骨，腿也没变成"象腿"之前，再美丽动人一把。不然，自己都觉得有些对不起广大劳动人民为我在精神和体力方面的双重付出了。

不过，美丽可以，"冻人"就最好不要了。

我们的身体有六个部位最怕冷，无论炎热或者寒冷的天气，都要注意保护好这几个部位，最忌讳冷热交替、温差过大造成的伤害。

身体六个最怕冷的部位

第一，头部

之前一直很臭美，每天早晨起床都要清洗一下头发，保持一天的飘逸。但是备孕的时候已经到了夏秋之交，天气已经转凉，昼夜温差

很大，早晨起来的时候凉飕飕，这个时候洗头，头部很容易受到风寒，引起头痛或者感冒。所以，要头发美丽是不错，但洗头后一定要注意把头发吹干，最好不要把洗头的时间安排在气温较低的清晨。

第二，脖子

这个部位很尴尬，一旦受凉，寒气可能向下走，也可能向上走。向下容易引起感冒，向上则引起颈部的血管收缩，不利于脑部的供血。处于备孕期的姐妹虽然身体状态已经调整得不错了，但是更应该注意身体的健康，因为一旦生病，要宝宝的计划可能就要推迟了。

要注意保持我们颈部的温暖，尤其是在冬天或者春天备孕的姐妹，更要注意呵护颈部。

第三，双肩

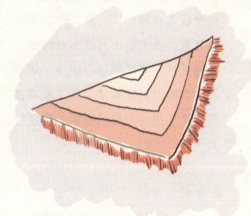

温润如玉的香肩的确会让我们"美不胜收"，但是肩关节和周围的组织是相对脆弱的部位，很容易受伤。特别是在季节交替的时候，裸露肩膀遭受寒气，很有可能引起肩周炎。如果不想以后一变天就肩膀疼，甚至连胳膊都抬不起来的话，呵护双肩是很必要的。

第四，腹部

上腹部受凉容易引起肠胃的不适，特别是有胃病的姐妹要注意了。下腹着凉则更危险，会引起月经失调，进而影响排卵期。

第五，膝关节

短裙女王可要注意啰，虽然一年四季短裙不离身的确是为美丽增色不少，但是遇到阴冷潮湿的天气依然裸露膝盖的话，膝盖很容易因为风寒的袭击而出现麻木和酸痛不适的症状。要是不小心引发了风湿性关节炎就更糟糕了，到了孕期需要膝关节提供力量的时候，可能就力不从心了。

第六，双脚

我的双脚甚至下肢经常是凉的，相信和我一样的姐妹有很多，就算是在炎热的夏天，只要待在有冷气的地方几分钟，脚的温度就会最先降下来，更不要说是冬季了，双脚就几乎没有热乎的时候。也因为如此，我鞋柜里面的凉鞋是比较少的，因为基本不穿。

我们的双脚是离心脏最远的部位，所以心脏给予的供血能力也是最弱的，本来就待遇不好的双脚，再不人为地给予一些呵护，岂不是对它们太残忍了？俗话说"寒从足起"，意思就是脚冷了就会全身发冷。如果全身都感到冷的话，身体的抵抗力下降，病毒就会借机入侵。

所以，美丽归美丽，要是因为穿美丽的凉鞋而使双脚冰冰凉的话，不如多爱护自己一点，换双舒服并且保暖的鞋子吧。

考虑到我的双脚在冬天很"受罪"，老公从入秋就开始给我做准备了，每天晚上拍两块生姜煮水泡脚，驱除体内的寒气，双脚热乎乎地伸进被窝睡觉的感觉真是美妙极了，而且坚持下去之后，整个冬天居然没像往年一样感到特别冷呢！

现在开始强化皮肤护理，为产后消纹做准备

有几个关系好的姐妹是属于早结婚早生子的，虽然个别身材走形之后就再也没有恢复过来，但这也不妨碍她们成为我怀宝宝时最好的老师。看着姐妹几个衣着亮丽挺美的，可是掀开衣服，那肚皮、臀部、大腿根部一道道与皮肤本身颜色差异明显的妊娠纹，的确有些"触目惊心"，她们几个一说到这些妊娠纹就开始哀叹，早几年完全不知道妊娠纹是可以提前预防的，只想着年轻好恢复，怀孕的时候光注重宝宝营养了，对自身的皮肤和身材的关注确实很不到位。

如今到我担起这个造小人的责任了，眼看着皮肤已经过了最佳恢复的年龄，想到有些伤害来了就再不可能改变，不免有些怕怕。但怕归怕，而今已不能动摇我升级当妈的决心了，总之都要经历一遭，提前准备是必要的，就算最后达不到理想效果也没什么，毕竟宝宝已经是上苍赐给我最好的礼物了，其他的，讲究顺其自然。

还是先说说这避之不及的妊娠纹吧。

妊娠纹属于萎缩纹的一种，主要是因为我们在怀孕之后，腹部急剧增大导致皮肤纤维层断裂形成的。从内分泌的角度来看，受孕后，我们的肾上腺会分泌大量的糖皮质激素，这种激素增加了皮肤弹力纤维和胶原纤维的脆性，大家都知道，脆性增加就容易断裂，所以

当弹力纤维和胶原纤维因为腹部的拉伸达到其伸展极限之后，就会断裂，形成妊娠纹。

我在姐妹们腿部和腹部看到的妊娠纹已经是恢复几年之后的模样了，刚开始更恐怖，一般呈现红色或紫色的不规则纵形条纹，就像是一些奇特的虫子爬在上面一样。生产后才会慢慢地消去颜色，变得与肤色有些接近，但还是很容易被看出来。

产生妊娠纹的原因除了激素作怪之外，肚子太大也是原因之一。尤其是在孕晚期，有一段时间胎儿的生长非常迅速，会在很短的时间内增重一公斤甚至更多。长大的宝宝需要更大的空间，所以身体会自动给子宫施压，子宫又逼迫着腹部肌肉拉伸，最终产生妊娠纹。

那些长期缺乏锻炼，皮肤缺乏弹性的准妈妈在拉力来临时无法很好地应对，更容易产生妊娠纹。所以，尽管接近百分之九十的女性在怀孕期间都会或多或少地产生妊娠纹，但并不代表不能够预防。只要在孕前加强皮肤护理，增强皮肤的弹性，就能有效减轻甚至避免妊娠纹的产生。由于准备充分到位，所以我身上也只是在腹部有几条不是很明显的妊娠纹，腿部和臀部的不仔细看几乎看不出来，而背部则完全没有。

下面就分享一下我的准备和保养原理吧。

♥ **摄入蛋白质**。胶原纤维的主要成分就是蛋白质，为了防止怀孕后胶原纤维脆性增加，在孕前就应该做好蛋白质的补充工作，多摄取一些含丰富蛋白质的食物。我的食物当中，鸡蛋和大豆的比例明显提高了。

♥ **克制糖分摄入**。少吃一些色素含量高的食物也是有必要的。

♥ **坚持用护肤品按摩腹部**。在

这里给姐妹们推荐我觉得效果很好的橄榄油，橄榄油对皮肤的滋润很到位，尤其是在干燥的秋冬季节，提前护肤，保持肌肤的水润和弹性，能有效对抗腹部产生的拉伸力。

不过需要注意的是，橄榄油可以用在孕前和孕中后期按摩，但孕早期，也就是怀孕的前三个月是不适合使用的。因为这个时候胎儿在子宫内的状况还不稳定，过度地振荡腹部可能引发流产，而且橄榄油的气味对于我们来说没什么，对于胎儿则会有影响。

❤ **冷热水交替冲洗。** 洗澡的时候，我用冷热水交替冲洗腹部、腿部和臀部，制造一个水温差，锻炼皮肤的弹性，当然，腹部不能使用温度太低的水刺激。

❤ **瑜伽。** 运动是必不可少的，可拉伸韧带的瑜伽为首选。瑜伽不但动作轻柔，而且需要配合呼吸来进行，非常适合孕前有些焦躁的姐妹，韧带的轻缓拉伸也能为孕期皮肤的变化打下良好的基础。

怀孕前的放松按摩集训

中医学认为，加强我们身体某

些关键部位的锻炼，有促进血液流通、调节气息、宁静心情、延缓衰老和强健体魄的功效。在孕前对这些关键部位进行按摩更有好处，除了能让我们放松之外，还能巩固备孕效果，而且这样的按摩需要两个人来做，也有益于增进夫妻感情哦！

当然，未来十个月需要承担重任的人是我，所以两个人的配合就是老公出力，我来享受，这就完美了。

这里推荐几个关键的按摩部位，也是我亲身试验过的。

关键按摩部位一：脊椎

研究显示，现在已经有超过百分之七十的人在平时生活中缺乏对脊椎的关注和正确保养，使得脊椎发生了病变，特别是我们这种长期以没时间为由而拒绝锻炼的"久坐一族"。

正常的脊柱有四个生理弯曲，而在这四个弯曲当中最容易发生病变的有两处，就是我们的颈椎和腰椎，尤其对于备孕的姐妹来说，腰椎即将承受巨大的压力，所以提前进行放松按摩是非常有必要的。

按摩要领：由我俯卧在床上，完全暴露出背部，老公用其双手的拇指、食指和中指将我的皮肤轻轻捏起来，沿着脊椎两旁大概两个指头处，从脊柱下端骶骨开始，沿着颈椎方向慢慢向前捏拿皮肤，直到颈部下方。

从下往上算一次，捏拿两次之后，第三次开始，每捏三下就将皮肤朝斜上方提起一下，如果提拉的方式正确得当，还能在第二至第五腰椎处听到轻微的响声。老公说，那是他去向高人学习之后才拿捏出这种轻微的响声的。

如此推捏，可在每天晚上睡前进行，推捏完毕之后，还要用拇指按压腰部两侧的肾俞穴几分钟，可以缓解腰痛。

按摩脊椎能够达到疏通经络、振奋阳气的作用，还能有效调节的脏腑功能，使消化吸收都能顺利进行。

关键按摩部位二：腋窝

我们腋窝里面可是藏有丰富的血管、神经和淋巴结，是个非常敏感的部位，所以别人只要触碰到我们的腋窝我们就会忍不住地大笑，其实这也是一种按摩和放松的方式。当然我没这么告诉老公，而是直接去挠他的腋窝，得到的效果就是他反过身来挠我，于是两人笑作一团。

别认为这是件无聊的事情,这完全是一项运动,叫做"腋窝运动",夫妻之间常做做这个运动能够让彼此都减轻紧张和疲劳的感觉,还能提高机体的免疫力。

当然也有自己按摩的方式,叫做弹拨法。

按摩要领:抬高左手手臂,把右手的拇指放在肩关节的地方定位,然后用右手中指轻轻地弹拨腋窝底,频率可以时快时慢,左右交替进行。

弹拨腋窝能够刺激这里的神经和淋巴结,促进神经体液的调节功能,使得机体分泌一些有益于身体健康的酶、乙酰胆碱和激素等等。

关键按摩部位三:腹脐

腹脐部分是我们身体的保健要塞,在中医学上,腹中央的肚脐被称为"神阙",可见其重要性。备孕的时候,每天按摩一下我们的神阙,能够通利三焦、疏肝利胆、益肺固肾,还能帮助我们预防诸如动脉硬化,高血压,高血脂等疾病。

按摩要领:双手交叠放在腹部,制造轻微的压力,保持呼吸均匀,然后顺时针方向搓揉腹部,感到微热就可以了。当然也可以让老公把双手搓热后来代劳。

备孕的时候吃的东西大多营养丰富,一旦纤维素的摄入量和运动跟不上,就很容易便秘,搓揉腹脐正好能够防治便秘,而且还能帮我们消除腹部的脂肪哦。

关键按摩部位四:前胸

胸腺素分泌的浓度很大程度上决定了我们免疫功能的强弱,通过正确的按摩来刺激胸腺,可以防止胸部过早下垂和衰老,从孕前就开始胸部的按摩才能真正做到有备无患。

按摩要领：右手轻轻按在右乳的上方，手指斜向下，用一点点力气推至左下腹，这样来回推摩五十次，同时，让老公交替地替我拍打前胸后背；换另一边乳房进行同样的动作。

早晚各一次，这样可以把那些"休眠"状态中的细胞激活，增强我们的心肺功能。

老公，每天给我讲个笑话！

心情愉快能够增进我们机体的免疫力，还能促进骨髓的造血功能，使皮肤变得红润有光泽，所以保持心情的愉悦成为了备孕的最佳养生之法。想要心情愉悦，最便捷的方式就是让爱人营造出来轻松的气氛。

老公本来就是个幽默的人，到了备孕时刻更是把脑细胞开发到了极限，每天坚持给我讲一个笑话，而且保证要把我逗得哈哈大笑。

从生理学的角度来说，放声大笑是有很多好处的。

当我们开怀大笑的时候，身体里的每个器官都会产生连锁反应。兴奋让我们呼吸加速，连接胸腔和腹腔的内横膈膜能够得到充分的锻炼，这对于即将怀孕的姐妹们来说是非常有利的，因为当胎儿在腹中越长越大，就是考验内横膈膜弹性的时候了，腹腔空间被越胀越大，势必要挤压到膈肌，膈肌朝上作用，会压迫胸腔。这就是很多准妈妈会随着胎儿的长大越发感到胸闷的原因，提前锻炼膈肌弹性就能缓解这种不适。

除此之外，大笑还能锻炼我们背部、颈部和脸部的肌肉。与此同时，大笑会让我们吸入更多的新鲜空气，置换出体内的废气，更好地帮助身体排出毒素。笑的时候，我们的血管是扩张的，血液循环变得畅通无阻，能有效避免有害物质的累积，这也是为什么那些笑口常开的人会更长寿的原因之一。

大笑时，我们的身体会释放出一种叫做内啡肽的物质，这是一种类似止痛剂的东西，它能让我们痛觉减轻、愉悦感增加，还能够驱赶走压力和负面情绪。大笑也是一个消耗能量的过程，也就是说如果我们每天都笑一笑的话，脂肪的燃烧速度要比那些愁眉苦脸的人快得多。

从心理学的角度来讲，人生下来就会笑，小婴儿在梦中也会自然露出微笑。笑本来就是一种积极情绪的体现，笑能够让我们忘记烦恼、放下哀思，也能让我们的心境更加豁达、眼光更加开阔。

综上所述，笑这件事情不但在孕前需要做，其实在生活中的每一个阶段，我们都应该多笑笑，有益于身心健康嘛。

老公搜罗了一大堆的笑话，自己讲给我听，并且将其命名为"最绿色环保的逗乐方式"，免得我坐在电脑前对着辐射看喜剧片。这份温情常留心间，每天看着他讲笑话时搞怪的表情，还没完全理解笑话内容呢，我就已经乐不可支了。到后来，效果已经好到当他郑重其事地说："老婆，我给你讲个笑话吧。"我就已经乐翻天，这倒好，省下了老公的笑话资源。

笑话也好，逗笑的表情也好，目的就是让我们在孕前保持轻松愉悦的心情，老公的费尽心思也恰到好处地增进了彼此的感情，使得备孕过程越来越轻松和自然。

辣妈的温馨提示
- 睡饱觉，防止黑眼圈和脸部浮肿
- 少食多餐，饮食清淡缓解孕吐
- 谨防孕早期流产
- 和宝宝聊天，既胎教孩子又放松自己

第三章
0~28周的着重保养策略

孕早期的准妈备忘录

发现自己成功怀孕的喜悦自不必说，但喜悦之外也会有恐惧、有担忧、有烦恼。自己会变成什么样子？宝宝在肚子里会是个什么长势？会不会有不可控的症状发生？生活中需要注意些什么？老公要配合些什么……

不妨给自己做个孕早期备忘录吧，补充知识的同时也提醒自己和亲爱的他，在怀孕生子这件事情上，我们的态度一定要积极、严肃、认真，心情则一定要轻松、舒畅、快乐。

怀孕第一月

这个时候，宝宝的状态是，身体分成了两大部分，有长长的尾巴，很像海马的形状。随着受精卵的不断分裂，宝宝的大脑已经开始发育，血液循环系统的原型也已经出现了，心脏的发育比较明显，到了第三周已经开始搏动。

而我们的状态是，由于卵巢开始分泌黄体素，乳房会稍微有些变

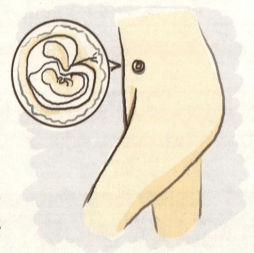

硬，乳头的颜色变深，而且异常敏感，稍微的触碰都会引起疼痛，但很多姐妹在这个时候还未意识到自己怀孕了。

由于体内激素的剧烈变化，一些敏感的姐妹可能开始出现呕吐症状，但大部分的女性感受到的只是嗜睡、畏寒等。

准妈妈备忘录

♥ 发现自己怀孕之后，要学会计算预产期，可以通过医生或者是在网上查询此事。

♥ 如果姐妹们已经跨入高龄产妇的行列，需要在这个时候充分了解高龄产妇将会面临的危险，积极地和医生沟通以得到更多的专业建议。

♥ 如果还有嗜烟酒的习惯的话，要马上戒掉。

♥ 虽然每个姐妹都希望自己从怀孕到生产都不要遭到任何疾病的困扰，但有时候一些小毛病还是不可控地入侵，比如常见的感冒、发烧等。不要太过担心，也不是所有的药都不能吃，只要充分遵医嘱就可以了。

♥ 坚持服用叶酸，直到怀孕的第三个月为止。

♥ 饮食原则是少油腻、易消化、口味清淡，多吃富含矿物质和维生素的食物。

♥ 警惕那些容易引起流产的食物。

准爸爸备忘录

准爸爸做足充分的心理准备是必要的，因为从受精卵形成并顺利着床开始，你就已经升级为爸爸了。虽然孩子是在妻子的子宫内成长，但他的生长需要你们共同关注，此后妻子的一切都需要与你分享，也需要你来分担。

尤其注意孕早期一定避免性生活。

怀孕第二月

这个时候，宝宝的鼻孔已经形

成了，牙齿和上颚都在发育；皮肤像纸一样薄，手指和脚趾长得更长；心脏、肝脏和胃肠已经初具规模。

而我们呢，可能已经开始"失去"小蛮腰，乳房则变大变软，乳晕处有结节，依然敏感。开始出现早孕症状，比如晨吐、对气味异常敏感、疲倦、尿频、情绪大起大落等。

准妈妈备忘录

♥ 需要进行第一次正规的产检，这个时候医生会给我们建立一个档案，以便记录每一次检查身体的情况。所以，第一次产检一般也被称为"建档"。

♥ 这个月同样要避免性生活，因为胎儿在体内还没有达到最稳定的生存状态。

♥ 这个月是胎儿唇腭裂高发的时间段，准妈妈情绪的调节非常重要，一定要保持心情的愉快。

♥ 饮食方面一定要注意多样化，因为食品种类越多，营养就越全面，对宝宝的发育也更加有益。但有些东西不宜多吃，例如山楂和桂圆，都有引起流产的危险；另外薯片也不可多吃，因为薯片里面含有较高的油脂和盐分，容易诱发妊娠高血压。

♥ 避免剧烈的运动，因为宝宝的心脏和血管系统处于最敏感脆弱的时期，很容易受到损伤。

♥ 最好不要住新装修的房子，哪怕用的是各种无污染的墙面漆和材料。我们自身可以抵抗一些有害

物质，但宝宝脆弱的身体是禁不起的。有调查显示，去医院就诊的白血病患儿有超过百分之九十的家庭曾经在一年之内装修过。

准爸爸备忘录

准妈妈的饮食起居、保暖防寒等各项工作都需要准爸爸多多上心了，要处处提醒妻子，自己也在做力所能及的关怀。这个时期，准爸爸可能会发现，曾经温柔可爱的妻子有时会像变了一个人似的，随便发火，脾气见长。千万不要与她争吵，了解妻子怀孕的辛苦，尽量满足她们的要求吧。

怀孕第三月

宝宝看起来已经初具人形，部分骨骼开始变得坚硬，出现了关节

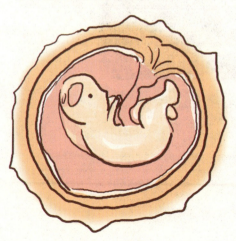

的雏形；有了自己的血液循环，外生殖器已经发育完毕，可以分辨出宝宝的性别了。

我们自己也开始有明显的变化。臀部开始变宽，那是为了给子宫留出更多的位置，这个时候宝宝已经充满了整个子宫；乳房处于一个边胀痛边长大的过程，乳晕和乳头都变黑了；子宫压迫到膀胱，所以开始出现尿频和尿不尽的感觉，千万不要因此就刻意憋尿。

受到孕激素的影响，我们的情绪波动进一步增大，会莫名其妙地大动肝火。

准妈妈备忘录

♥ 选择一家最适合自己的医院准备生产，一般的准妈妈都会选择在建档的医院分娩。

♥ 如果姐妹们的年龄已经超过了三十五岁，或者有囊性纤维化之类的家族遗传史，建议到医院做一个关于遗传的筛查。

♥ 不必完全素面朝天，特别是那些工作要求淡妆的准妈妈们，只要记住避开染发剂、指甲油、口红之类的化妆品就可以了。

💗 了解一些药物禁忌。我们难免会在孕期生病，每个生病了的准妈妈都会迫切地希望自己早日康复，了解药物禁忌利于对症下药。

💗 开始补钙。如果姐妹们不喜欢乳制品的话，可以在医生的建议之下直接服用钙片。对于那些早孕反应严重的姐妹，更是要注意钙和维生素D的充分摄入。

准爸爸备忘录

妻子的身材已经"走样"，也许她在丈夫眼中已然没有了性感之说，但是作为丈夫和准爸爸，你要给予妻子最大的鼓励，宽慰她们的心。

脸总是油油的？少洗脸就对了！

本来是中性的皮肤，夏天不会成"大油面"，冬天也不会干燥脱皮，这是我一直引以为傲的。但好女不提当年俏啊，一怀孕，皮肤就大变样了，最明显的感觉就是油油的，什么吸油纸，什么清爽洁面乳统统不管用。每天看着镜中"油光可鉴"的自己，我就开始绞尽脑汁地想，怎样用最科学的办法将油光扫除呢？

准妈妈之所以会脸上油油的，其实是因为内分泌失调。怀孕之后，我们卵巢分泌的孕激素会直线上升，从而抑制了雌激素的分泌量。孕激素的主要作用是辅助子宫开展一系列养育宝宝的行动，当然顾不上我们自身了，它的大量存在会增加身体皮脂的分泌，使我们的体温升高。

一方面皮脂分泌快，另一方面体温高，水分流失得也快，于是皮肤很容易形成外油内干的状况。很多姐妹苦于油光满面的脸实在影响美观，于是频繁洗脸，其实这样做是不对的。洗脸只能洗掉皮肤表面

第三章　0~28周的着重保养策略

附着的油脂,反而会出现越洗越干燥的情况,洗面奶中的化学成分本来就对皮肤有一定的伤害,就算是用清水洗,洗完脸之后,脸上的水分也会挥发掉。所以更让人苦恼的状况随之出现,越频繁地洗脸,脸就越是油兮兮的,就像是专门和我们对着干似的。

要想解决皮肤出油的问题,我们不该只着重表面,其实内养更重要。

第一,注意补充水分。

每天饮用六至八杯水。虽然孕妇尿频现象很严重,但最多就是多跑几趟卫生间,千万不要因为不想频繁去卫生间方便而干脆不喝水

哦!只有保障身体内部的水循环,才能保证皮肤的真皮层得到充足的水分。

第二,注意饮食结构。

关于饮食,真是每说一节都恨不得强调无数次,饮食均衡对于准妈妈来说实在是太重要。注意食物的多样性,那些富含维生素 A 的食物能够让皮肤变得光滑,新鲜的蔬菜水果则能保持皮肤的细腻。

第三,做好防晒工作。

防晒措施能够有效减少自由基的产生,延缓皮肤的衰老。前面也介绍过关于防晒霜的防晒指数和使用等问题,怀孕时容易长斑,此时更要认真防晒。

第四,讲究洗脸的方式。

早晚的洁肤一定要做到有效清洁,特别是晚上。白天忙碌一天,再加上皮肤出油,空气中的微粒粉尘等都附着在脸上,如果清理不净,很容易堵塞毛孔。清洁之后要注意补水,趁着晚上皮肤自我修复的时间,水分能够很好地被吸收。

油不舒服,可以用温水来洗脸,温水能带走附着在皮肤表面的油脂,记住洗完之后一定要把脸擦干,不要让水留在脸上自由挥发。

第五,保护好肝脏。

怀孕后,肝脏的工作能力明显减弱,这也是激素分泌不协调导致的。肝脏主管我们的排毒工作,所以孕期更要注意清肝护肝,只有肝脏积极工作,才能及时清理体内毒素,痘痘、色斑等影响美丽的东西才不会困扰到我们。

如果白天脸上油油的,就不合过度用洁面乳清洁了,吸油纸也不要用。如果实在觉得附着着一层

眼袋浮肿？黑眼圈？不让它们困扰你！

熊猫眼！大眼袋！挥之不去的脸部浮肿！

OMG，怀孕而已嘛，为什么会这样？

准妈妈容易出现浮肿，是因为在怀孕之后，肾脏功能减弱，体内循环的水分得不到及时排出，造成了局部水肿，除了出现眼袋之外，下肢的浮肿也会很明显。

黑眼圈和眼袋几乎是应运而生的，我们的眼周聚集了很多微血管，由于血管细小，所以血液的流速也很慢，很容易因为睡眠不足、眼睛疲劳、压力大等因素引起微血管淤血。而且，如果微血管中血液量增多，氧气消耗量也会随之提高，缺氧血红素也会增多，从外表看来，就出现了暗蓝色调，也就是我们通常所说的黑眼圈。

虽然怀孕了，我们的确成为了"大熊猫"，但这个"大熊猫"只是说明我们是要受到重点保护的人群，而不是因为我们随时挂"熊猫眼"哦。如何抚平眼袋、消除黑眼圈，咱自有妙招。

早上起床，发现眼袋吓人的时候，我就马上用棉片浸在淡盐水中，然后敷在眼睛上当做眼贴膜来使用。这是利用了淡盐水和水肿眼袋之间渗透压差的原理，平衡多余的水分，几分钟之后，就会发现眼袋小了很多。

在浮肿的眼部肌肤之下，正常的血液循环已经受到阻碍了，所以

进行按摩,具体指法是用无名指在眼肚子中央位置轻轻按压十次,手法一定要轻盈。这样能够有效地消除下眼袋。也可以把一小杯茶放到冰箱里面冷冻十五分钟,然后用化妆棉浸湿敷在眼睛上,同样能够有效消除水肿。同时,保证充足的睡眠,睡前三个小时就不要喝水了。

上学时候的眼保健操还记得吧,如果已经遗忘了很久,是时候将其捡回来啦!眼保健操刺激眼周穴位,不但能够缓解眼睛的压力,还能够有效地消除眼周水肿,所以每天在办公室我都会按时做一下眼保健操。

饮食方面,要多吃些富含维生素A和维生素B的食物,比如马铃薯、胡萝卜、豆制品和动物肝脏等等。

我购买了一些适合孕妇使用的提拉型眼霜进行内部巩固。含有高浓度氨基酸肽的眼霜就很好,它能够渗透进眼周的角质层,促进眼周胶原蛋白和弹力蛋白的形成,恢复眼睛周围的排肿代谢机制,每天早晚都要坚持使用。

每晚睡觉前,我还用维生素E胶囊中的黏稠液体来对眼下的皮肤

一月食谱：妈妈的精气套餐

"什么？别跟我提吃的东西，听见就想吐！"

"那也不行，多多少少要吃点，你不吃，孩子也要吃，总之为了大家的健康，你捏着鼻子也得吃些东西下去……"

现在想起那时老妈"暴怒"的喋喋不休，还是感到头晕耳鸣，但内心温暖。为了我怀孕这件事，老妈可是忙不迭地贡献了很多精力。

现在我要将来自妈妈的美味推荐给大家，总有一两款是你喜欢的！

油烧菜花

原料和辅料：菜花、蚝油、葱、花生油、盐、香油、干淀粉、酱油、白糖、料酒。

做法：

①把料酒、酱油、蚝油、盐、

白糖和干淀粉酌量放在小碗里调成芡汁准备勾芡使用。

②把菜花洗干净掰成小朵，如果怕菜花洗不干净，可以先用盐水浸泡十五分钟，然后把菜花加盐煮熟，捞起沥干后薄薄地滚上一层淀粉。

③锅内放入花生油，烧至七成热的时候把菜花倒进去，直到菜花表面呈金黄色之后捞出沥干油。

④将葱花放入锅内留着的底油（不要太多）中爆锅，然后倒入炸好的菜花和调好的芡汁，翻炒均匀后淋入香油即可出锅。

营养提示：菜花富含维生素C以及胡萝卜素，能够开胃消食，化滞消积，对缓解早孕有很好的功效。如果换成西兰花，维生素含量会更丰富。

竹菇煮姜粥

原料和辅料：竹菇、米、生姜、糖、盐。

做法：

①将竹菇洗干净放到砂锅内，加水煎汁，去渣备用。

②生姜去皮后切成细丝。

③把大米淘洗干净，放入锅中，加适量清水；用旺火煮沸之后加入姜丝，小火慢炖，直到粥快熟的时候兑入准备好的竹菇汁，再煮沸即可，根据个人口味选择放糖或者盐来调味。

营养提示：竹菇是富含蛋白质的食物，而姜丝则能够清胃和中，防止呕吐。这道清粥既能保证准妈妈所需要的蛋白质，又利用了姜丝的特性，抑制了我们想呕吐的冲动。

芦笋肉片汤

原料和辅料：瘦猪肉、鲜芦笋、黄芪、油、盐、生姜、葱、

蒜、鸡精。

做法：

①瘦肉切片，用盐稍微腌渍一下。将芦笋洗净切成小段，生姜切片，葱和蒜都切碎备用。

②锅内放适量油，烧热之后加入姜片和蒜末，炒香了以后再放入肉片，待肉片变色后，加适量水，倒入切好的芦笋、黄芪，水开后小火慢炖，出锅前加入葱花和鸡精即可。

营养提示： 芦笋有"三高"——高纤维素、高维生素和高蛋白。芦笋含有丰富的叶酸，非常适合孕期妈妈食用，而且这道菜口味清淡，就算没有食欲也能够吃下一些，不会引起恶心呕吐的不适感。

莼菜汤

原料和辅料： 莼菜罐头、香菜、香葱、油、盐、胡椒粉、淀粉、鸡精。

做法：

①莼菜、香菜切段。

②锅里倒入适量油，葱花爆香，倒入清水，加入盐、鸡精和胡椒粉调味，用水淀粉勾芡，起锅浇在装有莼菜的碗里面即可。

营养提示： 莼菜中含有丰富的维生素B_{12}，还含有一种特殊的酸性杂多糖，能够预防恶心且增强食欲。

白木耳拌豆芽

原料和辅料： 白木耳、绿豆芽、香油、青椒、盐。

做法：

①白木耳用水泡发、洗净。

②绿豆芽去根后清洗干净，沥干水分；青椒洗净切丝备用。

③锅里加水烧开，放入青椒和豆芽，煮熟之后捞出沥水。

④白木耳用沸水焯熟，捞出之

后过一遍冷水,沥干备用。

⑤豆芽、青椒丝和白木耳放入碗里加并入精盐和香油,拌匀即可。

营养提示:豆芽和青椒都富含维生素C以及胡萝卜素,能够提供孕期准妈妈对维生素的需求,维生素C的摄入有利于减轻孕吐;白木耳则是很好的美容食品。

妊娠反应期，如何让肠胃舒服一点？

尽管我内心足够强大，而且已经做好了对付妊娠反应的准备，可是当那翻江倒海的孕吐到来的时候，我还是被折磨得"奄奄一息"，所有的精气神都像被耗尽了，对什么东西都提不起兴趣来，尽管老公为了让我吃下些东西而做了很多努力，但一开始的效果微乎其微。

孕吐是怀孕过程中出现的正常现象，大概有百分之七十五的准妈妈都会在孕初期出现呕吐现象，有的人甚至在孕中期都还持续恶心呕吐。之所以会出现这样的情况，是因为受孕之后，我们体内的激素发生了变化，一种叫做绒毛膜促性腺激素的东西分泌增加，导致胃酸的分泌减少，所以这个时候我们会喜好酸食，因为身体需要一些酸的东西来辅助减少了的胃酸。胃酸的减少必然会减慢食物在胃中消化的速度，胃很长时间得不到排空，因此我们对食物，尤其是油腻的东西会感到恶心。

肠胃不舒服，导致浑身上下都不舒服，如何缓解？ 在这里就为姐妹们推荐一些我亲自使用并且效果甚佳的小秘诀，能有效缓解孕吐。

秘诀一：尝试着吃一些冷食

当然不是冰冻的食品，这里的冷食一般是指没有经过加热的食物、常温的小凉菜之类的。因为这样的食物气味没有热食那么浓烈。

妊娠期，更是延长了这些食物留在胃里的时间，从而引起恶心呕吐。油腻、辛辣和油炸的食物都会格外刺激我们正在变得脆弱的肠胃。

秘诀二：不要强迫自己

有那么多的食物让我们感到恶心，而想吃的东西又那么少，所以在这个时期不要太勉强自己，吃那些能够吊起胃口的食物吧，哪怕营养不是那么的充足，吃一些，总比吃那些让自己恶心的食物后又全部吐出来的好。

秘诀三：少食多餐

空腹是最容易引起恶心的，所以或多或少都要吃点东西，哪怕没有在固定的时间段，哪怕只是吃些小零食。如果能够接受，还可以吃一些富含蛋白质的清淡食物，让自己的肠胃有东西可以吸收。

秘诀四：离开高脂肪的食物

因为高脂肪的食物消化时间本来就很长，再加上我们处于

秘诀五：小口地喝水

就算平时习惯了牛饮，这个时候也要适当地改一改，如果喝下满满的一大杯水的话，胃里面可能就装不下其他的食物了，而且胃被水撑得过饱也容易引起恶心。

秘诀六：适当喝一些运动性饮料

如果吐得实在很厉害，而且经常把胃吐得空空的话，可以喝一些含有葡萄糖、盐分和钾元素的饮料，可以补充身体流失了的电解质。

秘诀七：吃点姜是不错的选择

如果受不了生姜的辛辣，可以用热水冲泡切碎的姜，加一点红糖制成姜茶来喝。另外，吃点姜糖缓解呕吐的效果也不错哦！

第三章　0~28周的着重保养策略

秘诀八：避免空腹服用那些合成维生素

各种各样的小药丸是不是已经成了你孕期脱离不开的东西？补充营养素可以，但尽量把服用的时间安排在入睡前，而不是早晨起床的空腹时段。尽量从蔬菜水果而不是小药丸中获取维生素。

秘诀九：服用维生素 B_6

如果孕吐严重，医生一般都会建议准妈妈服用维生素 B_6 止吐，不过不要因为呕吐严重就不停地服用，更不要在没有咨询医生的情况下就自行服用。

虽然几乎每个姐妹都逃不开孕吐的命运，但每个人缓解呕吐症状的食物方式却是不一样的，在这里为姐妹们推荐一道个人非常喜欢的菜。

奶香鸡脯小油菜

原料和辅料：熟鸡脯200克、小油菜500克、葱、花生油、料酒、水淀粉、牛奶、盐、煮鸡脯的鸡汤。

做法：将小油菜洗净，切成十厘米左右的小段，在沸水中焯熟，沥干水分备用；然后在锅里放入花生油烧热，葱花炝锅；加入鸡汤和盐，鸡汤烧滚后放入鸡脯和小油菜；再次烧开后倒入少量牛奶，然后用水淀粉勾芡出锅。

营养提示：这道菜不但清淡可口，而且营养丰富，非常适合妊娠反应严重的准妈妈食用。

美妈不俗，让灯芯绒背带裤见鬼去吧！

就算怀孕了，咱也不能就跟 HOT 和 SEXY 告别了吧？看看人家钟丽缇，看看人家小 S，孩子是一个接一个地生，可是跟黄脸大肚婆一点不沾边，骄傲地挺着圆鼓鼓的大肚子，一样另类火辣，这充分证明了美妈完全可以不俗，不是所有孕妇都必须穿灯芯绒背带裤度过孕期！

从备孕的时候我就想好了，绝对不要穿那些臃肿的背带裤，人这一生才怀几次孕啊，那孕育胎儿的另类美曲线，就算不骄傲地展示，也不要刻意回避。

老公知道我爱臭美，所以在穿着上面，他也尽心尽力帮我参考。有一个就算怀孕了也很辣的老婆走在身边，他一定是骄傲自豪的吧！

我平时就很喜欢那种胸部收线而腹部完全放开并且有摆的 A 字型衣服，一是穿着起来很舒适，没有对腹部的束缚感，就算小腹有那么点肉，也看不出来；二是比较好搭配，宽松着穿也可以，如果不喜欢，系上一根腰带，风格就改变了。

到怀孕的时候，满柜子这些花花绿绿的 A 字型衣服都能够派上用场了，而且刚好给了腹部足够的空间。我是秋天受孕的，到了冬天肚子已经有些鼓鼓的了，上身穿着可爱的娃娃领束胸长款针织衫，还有老公为我准备的蓝底白色小碎花吊带防辐射服，外套白色羽绒服，下身选择那种穿起来不会太胖的棉裤，一双带毛毛的短靴，就这样出入办公室，大家说很美。

白色外套和黑色裤子，这是永恒的经典色，穿在孕妇身上也一样有味道；像小裙子一样的长款针织衫刚好能遮住有些硕大的臀部；带毛毛的平跟短靴穿起来很舒服，走路的时候也不会感到太累，而且看着那些绒毛就觉得很温暖，时尚也不失俏皮；还有小碎花的防辐射服，设计得非常贴心，足够宽敞，能穿到临产前。腰部配有腰带，可以根据腹部的大小来调整衣服与身体的贴合度，花色看起来也很清新，让人心情大好。

当然，美妈哪能只有这一身搭配呢？百变所以美丽，孕期也不例外。

怀孕了，咱不能整天当宅女窝在家里，要适当地进行户外运动，运动也得有款有型。

纯棉T恤不可少，当然考虑到腹部，衣服要选择比平时穿的大一两个号的。黑色的七分运动裤，还有一双合脚的运动鞋，如果害怕运动出汗之后着凉，再带上一件金色的风衣。混搭更能显出时尚，金色能提亮我们的肤色，还能给我们的心灵注入能量。黑色的裤子又刚好能够削弱腹部的膨胀感，减少了整个人臃肿的感觉。这样的穿着，路人惊叹的侧目，是不是让姐妹们更有信心了呢？

有运动，当然也要有时尚。

高腰的连衣裙是首选，提高的腰线让腹部活动自如，如果能加上一条宽腰带系在胸部以下，就星范儿十足了。宽腰带无需过紧，只是起到一个装点作用，当然要以舒适为前提。不要觉得身体臃肿的时候就一定要穿肥肥大大的衣服来掩饰,其实越是肥大,越难达到效果。在高腰裙的腰线地方收一下,既能突出我们因为怀孕了而更加丰满的胸部,又能将我们身体还有曲线的部分显现出来。

下半身再配上孕妇专用的紧身裤袜,紧紧跟随了连衣裙的时尚,既能够增加双腿的血液循环,又能缓解腿部浮肿和疲劳。搭配一双平底靴子,不论是短靴还是长靴都一样有味道。当然,不要忘记最潮的墨镜哦!

不穿灯芯绒的背带裤,我将其换成了工装 A 字背带裙。同样是背带,但小裙子就多了很多俏皮和青春。上身穿一件圆领的纯棉 T 恤,黑白条纹或者印花的都不错,脚上再搭配一双帆布鞋。谁说怀孕了就和青春不搭边?当妈了,照样是青春活泼的孩子妈!

话说痔疮也是美丽的大敌!

"十个孕妇九个痔",这句话似乎已经把我们准妈妈的悲催命运奠定了,就连我这个从没发过痔疮的人也吓得胆战心惊。我的肠胃算不上好,拉肚子的情况多、便秘的情况少,很少有拉便便困难或者便血的状况出现,所以在要宝宝之前,痔疮这件事情离我还是很遥远的。

但是,怀孕之后,有很多事情都说不准,除了宝宝在腹中一天天长大之外,很多问题的出现会让我们猝不及防,就比如痔疮。

孕妇之所以会产生痔疮,主要是因为在妊娠期间,盆腔内的血液供应增加,随着宝宝的发育,增大的子宫会压迫静脉,造成血液回流受阻,引起静脉曲张,从而形成痔疮。另外还因为孕期我们的身体会分泌大量的黄体酮,这种激素会使大肠的蠕动能力减弱,造成便秘。

越是便秘、越是着急,排便就越是用力,这样给腹腔造成的压力就会增大,再加上妊娠期间盆腔组织本来就松弛,这更是加重了痔疮

问题。

准妈妈本来就很辛苦,患上痔疮更是苦不堪言,因为怀孕的时候既不能用药物治疗,也不能手术,肛门又痒又痛,大便无法顺利排出的滋味可真是难以忍受。而且痔疮导致排便不畅、大便淤积,很多毒素无法排出体外而被身体被动吸收了,再加上疼痛,严重影响到了心情,这对美丽而言,对需要呵护的皮肤而言,是多么严重的打击啊!

因此,孕期痔疮不得不防。

想要预防痔疮,我们要怎么做呢?

养成良好的饮食习惯。多吃富含纤维素的东西,少吃煎炸、烧烤类的东西,辛辣刺激的作料也需要慎食。喝点淡盐水或蜂蜜水都能促进肠胃的排便功能。

在睡觉的时候采取左侧卧的睡姿。左侧卧是为了避免增大的子宫压迫到腹主动脉和下腔静脉以及输尿管,减轻对直肠静脉的压迫、增加子宫胎盘的血流量以及肾脏的血流量,这样不但有助于胎儿的生长发育,而且能保证肾脏的积极工作,防止痔疮。

进行适量运动。不要因为怀孕之后身体越来越笨重就懒得动弹,不动也是孕期痔疮的幕后推手,运动能够促进肛门直肠部位的血液回流。这里的运动可不是让我们蹦蹦跳跳,而是有意识地收缩肛门、进行提肛运动。当然,散散步、打打太极拳什么的,效果则更显著。

再给姐妹们推荐一些食疗偏方，大家可以根据自己的身体需要来选择适合的一款。

黄花菜木耳汤

原料：黄花菜、木耳、白糖。

做法及服用方法：把木耳用水泡开洗净，黄花菜摘去根部洗净，放在锅里加水，用小火炖上一个小时，并加入白糖调服。每天一次。

功效：清热除湿，消肿。适用于因为湿热脱肛、大便肛门疼痛出血等症状。

木耳柿饼汤

原料：黑木耳、红糖、柿饼。

做法及服用方法：黑木耳用水发开洗净，把黑木耳、柿饼和红糖同时放入锅内，加适量水，用小火熬汤。每天喝一次，连续饮用六天左右。

功效：活血化淤。适用于痔疮初发的时候。

米醋煮羊血

原料：羊血、米醋、精盐。

做法：把羊血洗干净切成小块，加入一碗米醋一起放入锅内煮熟，再放入精盐调味。

功效：化淤止血，适用于内痔、大便出血等症状。

小心这些食物，它们容易造成流产！

不想吃愁人，太想吃而且毫无忌讳地吃也同样要注意哦。凡事物极必反，怀孕了能吃是好事，但是有的东西平时看起来是非常营养的，怀孕时吃可是没多少好处，特别是在孕早期，有一些食物可是会引发流产的，姐妹们越是嘴馋则越要注意。

容易引起流产的几种食物

山楂

我刚怀孕的时候特别好酸食，有些平时根本听见名字就倒牙的东西，到了这个时候似乎失去了威慑力，不过，酸萝卜等腌制食品，老妈是绝对禁止我吃的，而那时杨梅又过了季。

突然有一天，老公乐滋滋地提回来了一袋山楂，关于这个水果，我从来都没有喜欢过，可不知怎么的，这次看到山楂却是那么亲切，吃下去好几个都觉得不过瘾。

老妈一进门，就严厉制止了我，不准我再继续吃。原来，山楂虽然能够吊起我的胃口，但它有明显的收缩子宫的作用，吃多了会引起子宫剧烈活动，有可能导致流产。老妈还不厌其烦地八卦了她一个老姐妹家的闺女，她就是孕早期

吃多了山楂而引发了流产。

甲鱼和螃蟹

甲鱼是大补的食物，而螃蟹是我的最爱，婆婆也特意叮嘱老公买点甲鱼来给我炖汤喝。其实，甲鱼和螃蟹都不适合在孕期食用，它们虽然味道鲜美，却有导致流产的危险。

螃蟹性味寒凉，具有活血化淤的功效，如果在孕早期食用的话，流产危险会增大。尤其是螃蟹的大钳爪，具有明显的堕胎作用。

甲鱼活血散淤的功效比较强，所以也容易引起流产，特别是甲鱼壳。

桂圆

桂圆是一种讨人喜爱的水果，不但味道可口，而且生吃桂圆能够起到温补的作用。不过准妈妈却不适合吃桂圆，因为我们在怀孕之后性阴虚、体内生热，所以常常会燥热口干。桂圆很不适合阴虚内热的体质食用，准妈妈吃了桂圆非但达不到温补的效果，还可能引起先兆流产。

薏米

薏米是美容食物，不但能去除体内的燥热，还有很好的美白功效，所以很多姐妹都非常喜爱薏米。但怀孕之后，薏米要慎用哦。研究显示，薏米会引起子宫平滑肌的兴奋，导致子宫收缩，诱发先兆流产。

香料

一些热性香料也不适宜在孕期食用。比如小茴香、五香粉、八角茴香等，这些香料不会直接引发流产，但是它们性热，吃下去以后容易造成肠道干燥，粪便淤积无法及时排出，引起便秘。由于便秘，我们会用更多的力气去排便，这样会让腹压增大，压迫到宝宝，导致流产的危险。

发质变差了吗？其实很容易补救的

美女除了明眸皓齿、白皙皮肤之外，当然少不了一头又黑又长的秀发了。可是怀孕之后却发现，飘逸的长发消失了，每天都掉很多头发，而且发质又干又脆，发梢有些枯黄，这不禁让我很沮丧。

婆婆告诉我说，之所以头发会营养不良，主要是因为身体里的营养都被宝宝吸收了，实在没有多余的营养来滋养头发，与其顶着一堆"枯草"，不如赶紧把头发剪短，也好给头发一个新的生长机会。

可是我个人非常不喜欢短发，而且这一头长发跟随我好多年了，真不舍得就这么剪掉，再怎么也要尽力补救一下。

怀孕之后，头发变得又干又脆

的原因是体内缺乏蛋白质，无法给头发充足的营养。发现发质越变越差之后，我先是剪去了已经枯黄分叉的发梢，然后专门买回了含有蛋白质营养的洗发水和护发素，使用后的效果还不错。当然，除了正常的洗发水洗护之外，还有一些小窍门。

啤酒洗发就是个不错的选择。

啤酒里富含很多营养，对于头发的干枯脱落有很好的治疗效果，坚持用啤酒洗头发能使头发变得光亮润泽，还能改善头皮瘙痒，防止头屑。

家里库存有啤酒，备孕的时候老公没有喝，到现在反正生米煮成熟饭了，偶尔看电视他也会拿出一罐来消遣一下，于是，我就用他开罐后剩下的啤酒来洗头发。

正确的方法是先把头发洗净、擦干；然后把啤酒均匀地抹在头发上，再辅以头皮按摩，使啤酒能更好地渗透进发丝根部。十五分钟后用清水洗净头发，然后用木梳梳顺。

当然，随着我的肚子越来越大，洗头发越来越不方便，这些工作老公就代劳了。

除了啤酒之外，还有一个办法也是屡试不爽，那就是**白醋泡鸡蛋**。

挑选一个生鸡蛋放在杯子里，用白醋浸泡，两天之后就可以使用了。将蛋清用来敷脸，能够有效祛斑；

蛋黄用来洗头，能够有效滋润干枯的头发。白醋浸泡过的蛋黄也可以混合橄榄油一起使用。

先将头发洗干净，然后把混合好的蛋黄橄榄油均匀地涂抹在头发上，按摩一下头皮和发丝，然后用浴帽将头发包起来滋润十五分钟。这个过程可以和洗澡同时进行，待洗干净身体之后，再将头发清洗干净。

刚开始使用蛋黄加橄榄油的时候，可能会觉得头发油腻腻的，清洗不干净。但第二天就能看出效果，毛糙的发梢很明显柔顺了很多，而且头发亮亮的，很有光泽。

这个 DIY 的焗油方法，建议姐妹们每个星期使用一次。本人亲自使用后的结果证实，就算留长发，头发也一样能光彩照人。

不过并不是每个准妈妈在怀孕之后头发都会变得干枯，有的姐妹以前是油性头发，怀孕之后头发就变得更油了，早晨洗干净,到晚上头发就有些贴头皮;而有的姐妹孕前发质比较干,怀孕后反而变得好起来。这些变化都和个人体质有关。

怀孕之后,我们的皮肤会变得很敏感,如果姐妹们之前使用的洗发水是温和配方,而且怀孕后发质没有多少改变的话,就不用刻意更换洗发水品牌了,只要注意一些日常的护理,保证不让发质变差就好。

洗头之后,如何处理湿漉漉的头发也是护发的关键之一。

如果是在晚上洗头,头发不干就去睡觉,很容易引起感冒、头痛等。尤其是头发很长又很多的姐妹,等长发完全干了至少需要两个小时,如果用吹风机吹干,又会担心对宝宝有害。

其实干发帽、干发巾就能够解决这个问题。购买的时候要选择吸水性强、透气性好的干发帽或干发巾。吹风机也不是完全不能使用,只要调到冷风,注意适当的距离就可以。当然使用吹风机也不要把头发全部吹干,那样只会让头发变得更干燥。

每天用木梳或牛角梳梳头,能够促进头皮的血液循环、改善发质,还能有效缓解压力、头痛等问题。梳头的时候,从前往后,再从后往前,然后从左到右,再从右到左,每个方向二十下就可以了,当然也能让老公来代劳,一边帮我们梳头,一边和肚子里的宝宝聊天,胎教、养生、交流感情三不误哦。

谁说孕妈一定要短发？

"一怀孕，就剪发"，或者"一生产，就剪发"？我们似乎已经被各个过来人的经验牵引到这两个定律当中来了，但孕妈就一定要短发吗？这是有什么科学道理，还是单纯的只是传统经验，因为由来已久而具备了莫名其妙的权威性？

当时和婆婆交流的时候，终于探明了一些关于怀孕要剪短发的缘由。

其一，老一辈的人认为，头发太长了会"抢"营养。怀孕的时候，准妈妈应该把过多的营养留给宝宝而不是自己，所以要避免一切和宝宝争夺营养的可能性，再好的头发也要减掉。

其二，长发不方便。这个理由比较中肯，怀孕的时候留长发确实会造成不便。因为头发太长，从而延长了洗澡时间，很容易受凉感冒，而且头发太长也不容易干呐！要是使用吹风机吧，又觉得辐射、噪音等都会影响到宝宝，再说老一辈的人也没有吹风机可用。而且，头发长就意味着每天早晨得起来梳理，上举胳膊的时候要是用力过猛，很容易伤害到肚子里的宝宝。但如果不梳理、披头散发吧，又很遮挡视线，本来孕妈妈就需要在走路和做轻微家务的时候小心再小心，头发遮挡视线可不是什么好事情。

其三，传统观念认为，坐月子的时候是不能碰水的，也就意味着

不能洗头。 试想一个月不洗头是件多么难受的事情啊,更不要说把一大把长发窝起来"困"一个月了,这样会让新妈妈感到非常难受,所以对于月子期间的情况特殊来说,长发不如短发好。

婆婆罗列了这么三条非常站得住脚的理由,最终的目的其实也是想让我剪掉蓄了好多年的长发。但是不要说老公有长发情结不舍得我剪,我也非常舍不得自己已然过腰的长发,只能暗地里倔犟了。婆婆说归说,我答应着,就是不去剪,她老人家倒也没有举着剪刀追得我满屋跑。

谁说孕妈就一定得短发?

虽然我们前面分析了,在怀孕的时候,由于体内激素变化,发质可能会变差,但也给姐妹们提供了很多补救的好方法。事实上,每个人的体质是不同的,有的姐妹在孕期发质会变差,但有的姐妹因为宝宝的到来,头发反而变得比以前更加富有光泽了。

头发的生长会影响到宝宝营养的吸收,这个说法也是站不住脚的。长发需要营养,剪短了也同样需要营养,而且只要我们合理膳食,摄入的营养均衡,就不存在头发和宝宝争抢营养的情况,养好宝宝和保持我们的美丽根本不冲突。

不剪短发完全可以,但姐妹们一定不要偷懒哦,每次洗发的时候还是要注意护理,洗完之后要赶紧把头发弄干,免得满头湿漉漉的引起感冒。还要注意的是,出门的时候最好还是把头发扎起来,不管一头披肩长发有多么迷人,这个时候安全是最重要的。

不可否认,长发的确会影响到视线,特别是在风大的季节,过马路和乘坐公共交通工具的时候,尤其需要注意。

补血！补气！我补补补补！

补啊补，孕期好像没什么事儿比"补"更重要了，补血补气补维生素补各种能量，有时候我也会怀疑，补多了会不会适得其反啊？

事实证明，在现代营养条件下，很多准妈妈在进补的时候还是很容易走进一些误区的，特别是在补血补气方面。

我们先来看看进补的误区，再来讨论究竟该怎样合理地补血补气吧。

误区一：多吃红枣能够很好地补血。

红枣本身的确具有补血的功效，但是单纯地想依靠吃红枣来补血，效果是相当不明显的，而且红枣吃多了容易胀气、产生便秘，还

会导致身材发胖，这些都是姐妹们不愿意看到的吧。

如果想通过食用红枣来补血，可以搭配葡萄干和桂圆等共同食用，不过桂圆在孕早期是不适合吃的，因为有滑胎的危险。红枣也不宜多吃，每个星期吃二至三次足矣。

误区二：多喝红糖水能补血。

关于红糖水真正的补血功效，

我们在下面的章节中还会详细介绍，这里要说的是，红糖真的没有想象中那么强大的补血力量。而且红糖吃多了还会损伤牙齿，所以姐妹们无需执著于多吃红糖补血这个误区了。

误区三：如果有贫血的情况，可以用补血保健品来代替药物治疗。

贫血只是一种症状，而不是单纯的某种疾病，在针对贫血治疗的时候，医生首先要确诊究竟是缺铁性贫血还是其他的情况，然后才能对症下药进行治疗。市面上所见到的补血保健品虽然含有各种形式的铁元素，但含量都不足够用来治疗贫血。

误区四：吃荤不利于健康。

大部分姐妹在孕期都不会拒绝荤食，但是有少部分人却受到一些媒体的宣传影响，只注重植物性食品的功效，导致动物食品摄入不足。事实上，只有动物性的食物含铁丰富且易于被人体吸收，而那些植物性的食物虽然含铁，人体的吸收利用率却是很低的。所以，孕期适当吃荤是必要的。

误区五：蔬菜水果没有补铁功效。

蔬菜水果虽然本身不能达到很好的补铁补血功效，但是它们大都富含维生素C、柠檬酸和苹果酸，这些有机酸能够在肠道中发挥作用，促进肠道对铁的吸收。

误区六：牛奶鸡蛋营养很丰富。

其实牛奶的含铁量并不像我们想象的那样高，而且人体对其的吸收率也很低，而鸡蛋中的某些蛋白质甚至会抑制身体对铁的吸收，所以不要盲目地大量食用牛奶和鸡蛋。

认识了这些常见的误区之后，为姐妹们推荐两款很适合孕期补血补气的菜品，希望对大家有所帮助。

炒鳝鱼丝

原料和辅料： 鳝鱼肉300克，青椒100克，笋50克，料酒、盐、糖、油、鸡精、葱、姜适量。

做法： 鳝鱼肉洗净切成丝，放

入料酒和盐腌渍十分钟左右。

青椒和笋洗干净后切丝备用。葱和姜同样切丝备用。

锅里放入油，加热之后加入葱丝和姜丝炒香，然后把鳝鱼丝倒进锅中翻炒，快熟的时候放入青椒丝和笋丝，继续翻炒，并陆续加入糖、盐、鸡精，最后淋入香油起锅即可。

营养小提示：鳝鱼的营养很丰富，含有蛋白质、脂肪、铁元素以及人体所需的很多矿物质，孕期食用鳝鱼不但能够补气补血，还有消炎作用。鳝鱼如能用野生的最好。

归芪炖鸡

原料和辅料：黄芪20片，当归2片，枸杞1把，鸡腿2只，米酒、盐少量。

做法：鸡腿洗净之后切成大块，放入沸水当中焯后捞出备用。

焯好的鸡腿放入炖锅，加入小半杯米酒；然后倒入适量的水，再把准备好的当归、黄芪、枸杞一起放入炖锅中，炖熟之后放入少量盐调味。

营养小提示：黄芪的性温味甘，有补充元气、壮脾胃的功效；枸杞性平味甘，能够补虚劳、强筋骨；当归则性温味甘辛，具有活血之功效，能够散去体内的虚寒之气。将这些材料放在一起食用，能够帮助准妈妈补气补血、增强抵抗力，并补充体力。

没事时跟宝宝聊聊天吧，放松也是美容的秘诀

"母子连心"这句话不到真怀孕的时候是体会不到的。宝宝在肚子里面虽然不会说话，但真真实实是和我们心意相通的，我们高兴的时候，他就跟着高兴；我们难过的时候，他比我们的情绪还低落。不要觉得宝宝尚未出世，不懂人世间的情感和情绪，其实宝宝从还在妈妈肚子里的时候起，就已经能够懂得我们说的话并且会用特殊的方式和我们交流了。

所以在怀孕的时候，我没事总会和宝宝说上几句话，一边说一边用手抚摸肚皮，这个时候就能感觉到小家伙在里面动弹，一会儿伸胳膊、一会儿踢腿的，仿佛在回应我的每一句话。和宝宝聊聊天，其实也是属于胎教当中最重要的一项，因为和宝宝交流，最先得到放松的就是我们自己。妈妈放松的状态宝宝是能感觉到的，他会欢愉起来，这种欢愉又传到我们的脑子里，使得我们身心舒畅。

第三章　0~28周的着重保养策略

当然，和宝宝聊天尽量不要去说那些家长里短的八卦是非，更不要用粗鲁的语言或者骂脏话，这样会影响到宝宝对这个世界的看法。准妈妈们可以通过给宝宝描述各种事物来对宝宝进行最初的教育。

比如描述天空的颜色、树木的颜色，比如讲述眼前看到的情境、美丽的风景等等。在讲述的时候，妈妈们也需要用一些动人的词汇哦，把看到的东西用美好的语言描述出来，把颜色和形状都讲述出来，这样会给肚子里的宝宝留下最初的印象，非常有利于宝宝的智力和记忆力的发展。

另外，还可以给宝宝听一些音乐，不要放节奏太快的那种，也不要放网络歌曲、流行歌曲之类的，记住，纯音乐最好。平时在家的时候，放点交响乐、古典乐等等，作为背景音乐就可以了。就算我们自己不注意聆听，肚子里的宝宝也是能听见的。

当然，我们自己在音乐的熏陶中也可以获得有效的放松，缓解因为怀孕带来的紧张或疲劳的感觉。

和宝宝聊天可不是妈妈一个人的事情呀，爸爸和宝宝的沟通也是非常重要的。父亲对孩子的感受性肯定不如母亲，因为毕竟孩子是在妈妈的肚子里存在着，所以父亲和孩子越早沟通就越容易建立感情。请老公们积极一些吧，没事也和自己的宝贝聊聊天，把耳朵凑在老婆肚子上听听小宝贝的动静，这样一家三口其乐融融的画面是多么美好啊！

粗粮，排毒又养颜

怀孕了就要不停地补充营养，最好一秒钟都不要让宝宝饿着？爱孩子的心是没有错，但如果吃得太多而运动太少，消化能力又跟不上的话，很容易使有营养的食物变成废物和毒素在身体里淤积下来。所以，正确的做法是，不管怎么补，还是应该给自己安排一些排毒养颜餐，有进有出才对。

如今，精细的生活已经成了我们的习惯，米、面、各种肉类、菜类都恨不得精益求精。殊不知，过于精细的东西反倒失去了其本真的营养，而且还宠坏了我们的肠胃。偶尔吃点杂粮才是新的养生之道。

杂粮粥就是不错的选择。

准备黑豆、红豆、花豆、绿豆、薏米、黑米、糙米、燕麦各10克，冰糖少许。然后把除了燕麦之外的材料提前浸泡四至六个小时，如果隔夜存放的话就要将它们存入冰箱。

待到各种豆类都泡开了之后，全部放入砂锅中，加入清水并烧开，时不时搅拌一下防止糊底，改成小火慢慢炖。

在炖的过程中，在砂锅中放入一把勺子能够防止汤水溢出。待到豆子全部煮得开花的时候，加入燕麦和冰糖煮沸即可。

这就是正宗的五谷杂粮了，搭配起来吃营养是非常全面的，而且豆子煮到沙沙的时候，口感也非常不错。如果有的姐妹不习惯那么多

豆子的味道,可以先用大米或者糯米来调整杂粮的比例。

每一种豆子都有其不同的功效,如果想要"对症下药"的话,可以适当调整搭配的比例,并不是说添加的东西越多越好哦,要根据自己的需要适量添加。

常吃粗粮的准妈妈,其胎儿流产率和早产率都相对较低。所以,孕期一定要注意粗粮的摄入哦!

有一些粗粮其实本来就是孕期不可或缺的。

第一个就是玉米。

玉米本来口味就很好,而且它富含镁、不饱和脂肪酸、粗蛋白、淀粉、胡萝卜素和矿物质等等。镁能帮助我们的血管扩张,加强肠壁的蠕动功能,促使体内的废物更快排出体外,而且玉米富含的多种氨基酸,能促进大脑细胞的新陈代谢,对宝宝的大脑发育有积极作用。

再一个就是荞麦。

可能很多姐妹都不知道荞麦是什么,它还有别名叫做甜荞、乌麦。荞麦能为我们的身体提供更为全面的蛋白质,促进宝宝发育的同时还能提高我们自身的免疫能力。总之,荞麦的营养成分对准妈妈来说很有意义。

但需要注意的是,粗粮虽好,也不能天天都吃。粗粮吃多了反而会影响我们的消化和吸收。另外,粗粮不适宜和奶制品、补钙或补铁的食物一同食用。

要美容，也要安全！

一般女性在确认自己怀孕之后，都可能会出现两种不同的反应，要么就是重心全部转移到孩子身上，全身心地呵护这个小生命，却忘了自己在这个时期也尤其需要用心呵护；要么就是开始过度焦虑，害怕身材走形、害怕面容变老、害怕因为孩子而使得自己彻底告别青春年少的美好。

心理的改变和及时的调试也是考验我们是否能成为一个合格辣妈的关键点之一，过度紧张是不可取的，不关注自己当然也不可取。

怀孕之后，我们体内的荷尔蒙会发生一系列的变化，新陈代谢也会受到相应的影响，所以几乎每个准妈妈都会受到不同程度的皮肤问题的困扰。不用过度担心，只要我们肯花点时间给自己，小心地呵护皮肤，完全可以做一个漂漂亮亮的孕妇。

那么，究竟怎样美容才安全呢？

首先，养颜护肤，最重要的是要处理好皮肤的清洁问题。

因为怀孕的时候，新陈代谢会相应加快，皮脂的分泌增多，所以我们会感觉脸部总是油油的，身上也较多汗，甚至长痘、出现湿疹等。

避免这样的困扰很简单，除了之前介绍的不要频繁洗脸以及使用正确的洗脸方式和保持肌肤清爽干燥之外，应该尽量穿着一些宽松舒适的衣服，避免憋闷出汗。

选择沐浴露或者香皂的关键是应选用清洁力度适中,并有一定的抑菌作用的产品。那些清洁力度很强,或者滋养过度的产品在孕期都不适合使用。另外,在每次沐浴之后要马上把身上的水擦干,避免出现湿疹。

其次,肌肤的清洁处理好之后,就需要注意防晒的工作了。

关于防晒的知识以及防晒霜的分类和使用方法,在前面一章中已经给姐妹们做过详细的介绍,这里就不赘述了。再次强调的是,在选择防晒霜的时候,要考虑到宝宝的安全,选择那些以物理性防晒为主的产品,而且应该选择一些信誉度较高的大品牌。

再次,对抗妊娠斑,美白最重要。

对于妊娠斑,相信没有哪个准妈妈能淡然处之,一旦发现,都恨不得迅速击退,对待斑点,最好的方式就是美白了。

选择美白产品的时候一定要关注产品成分,避免使用含有维生素A酸的刺激性产品,选择那些含有果酸、杜鹃花酸、维生素 B_3 和维生素 C 等的产品更加安全。

以上说的这些都能够在家里处理。前面也强调过,怀孕之后,最好避免去美容院。

不过,如果一定要坚持去美容院进行美容的话,对于美容项目和美容院的选择要多加注意一些。

关于美容项目

应该以基础护肤、保养按摩以及保湿滋润为主,这些项目的护肤品一般质地都比较温和,对准妈妈们来说也相对安全。

在针对肌肤的基础保养时,产品的选择也是有讲究的,清爽、温和即可,切不可用那些滋润效果很好的,否则会给分泌旺盛的肌肤带且每个月不要超过一次。

关于美容院

现在，很多小区的门口都会有一些小的美容院，由于行业竞争比较大，就有可能出现进货渠道、产品缩水甚至造假问题。别人的生意经我们暂且不去讨论，但倘若姐妹们需要在孕期到美容院进行美容的话，最好选择那些正规的、可信度高的美容院。对于其产品也需要多多关注，那些产品效果越是吹得玄妙的，越是要警惕。

总之，孕期的美容以基础保养为主，就算出现妊娠斑，姐妹们也不要太过担心和急迫地想要将其祛除。强效美白、抗皱、抗老以及果酸换肤、激光美容等项目，在孕期就不要考虑了。

来更重的负担。

有一些姐妹可能会想做精华素的导入，但又担心超声波的安全性。在这里说一下，精华素的选择首先要安全，维生素 C 一类的美白产品就很好，超声波本身在孕期做是没有问题的，只要频率掌握好，

想给宝宝全面的营养,我有时候甚至有些不知该吃什么才好!

辣妈的温馨提示
· 不是绝对禁欲,但一定要讲究方法
· 注意合理的睡姿
· 产前要吃饱
· 无论顺产还是剖宫,一切要顺其自然

第四章
29～40周,
小心呵护你的养颜硕果

我是准妈我最大

怀孕之后,我一生中最飞扬跋扈、横行霸道、蛮不讲理、颠倒是非、无理取闹、极端挑剔的时期也随之到来了。哼,谁让我是准妈妈呢!肚子里怀着某人的孩子,某某人的孙子,我说什么那就是什么,不是也得是!

后来回想一下,那时怪异的脾气还真的有些过分,幸好睿智聪明、有文化、有涵养的老公每次都能笑嘻嘻地将矛盾消弭于无形,任凭我将家里闹得乌烟瘴气一团糟,他也照样能把我的火气"浇灭",并将不小心被我彻底翻乱的家再次收拾得干干净净、有模有样。

最后,他只无怨无悔地送了我五个字——"孕期女王症"。

我是准妈我最大的想法自然无可厚非,但是怀孕期间由着性子哭闹、和老公吵架,因为紧张而暴躁发泄可不是一件好事。越来越多的研究显示,孕期抑郁或者情绪不稳定和各种并发症都有联系,比如习惯性流产、早产、产程延长、胎儿

宫内发育障碍等问题。而且长期情绪不良的准妈妈生下的宝贝也容易出现各种心理障碍。

其实准妈妈或多或少都有些孕期小脾气，心理学家们根据不同的表现特征，基本归了类，我所犯的，就是"孕期女王症"。

得"孕期女王症"的姐妹大多是从小就被娇生惯养，没有受过多大挫折的群体，此症状在孕中期和晚期达到发病高峰。

针对"孕期女王症"，我们可以参考以下的治疗方案。

❤ **家人配合辅助治疗。**有时候太过骄纵可不是好事，准爸爸可以适当地收敛一些对老婆的骄纵，把满心的欢喜和遐想表现得平淡一些。

❤ **准妈妈们要有自我调节的勇气并为之努力。**自己力所能及的事情尽量自己去做，不要凡事都张口支使人。怀孕的时候亦要保持理智，做到心平气和，适度的活动和做家务在这个时期就能够体现自己的价值。

❤ **准妈妈的心理暗示。**"女王"们要这样告诉自己，毕竟母子连心，不管孩子是谁的儿子，谁谁的孙子，首先都是自己的宝贝，为自己的宝贝承受一些痛苦也无可厚非。

有的准妈妈患上的则是孕期敏感症。

此症状表现为对老公非常黏腻，分开一秒钟都觉得没有安全感。更有甚者，疑神疑鬼，将小毛病放大到无限，觉得家人不关心自己，有事没事都要哭闹一番，希望以此引起老公的关怀和爱怜，而且凡事容易走极端，想不开。

患上这种敏感症的准妈妈大多是无法适应自身角色的变化。身体方面的不适，再加上体型的变化让

她们无法接受这样的自己，无法承受这样的改变，所以无意识地将自我焦虑转嫁到了亲人身上，无理取闹、小题大做。此症状多发于孕早期和孕中期。

针对孕期敏感症，我们可以参考以下的方法缓解。

❤ **多交朋友。**和过来人多聊聊，看看姐妹们是如何进行自我调节的，聊得多了自然会发现，其实每个人都有难过的一关，但过去了才能体会到怀孕生子本是一件让人激动兴奋和骄傲的事情，没有什么大不了的。

❤ **找些事情来做做。**那些完全放下了工作专心在家待产的准妈妈更容易爆发孕期敏感症，因为多余的精力简直不知道该放在哪里，建议这种情况的姐妹们去做一些之前忙碌的时候想做而没时间做的事情，学习一点新的东西，能更好地调剂孕期时光，也不用花那么多无谓的时间来疑神疑鬼了。

❤ **拒绝宅女生活。**不要整天待在家里，就算不工作了，也要保持和外界的接触。只有接受新的东西，思想才不会僵化。有的准妈妈担心身体，不愿去人多的地方活动，结果越来越闷。其实适当地买买菜、逛逛公园都是可以的，呼吸新鲜空气、多与人接触都有利于我们获得良好的情绪和积极的自我暗示。

❤ **和老公多沟通。**很多时候误会的产生来源于沟通不够，尤其是内心敏感的姐妹，更是要保持和老公的良性沟通，心中有想法要大胆地说出来，千万别憋在心里，也不要不断暗示以希望老公能够主动猜到我们的意思。坦白地说出自己的想法和需要，这也许是老公最容易理解和接受的方式了。

有的准妈妈出现的是孕期抑郁症。

孕期抑郁最容易爆发在孕晚期，这个时候宝宝快要降临人世，准妈妈反倒有些等待不了了，无法集中精神，极端易怒、嗜睡或者失眠，这都是抑郁的导火索。另外，家族里孕期抑郁出现的频率高的准妈妈更容易爆发孕期抑郁症。

针对孕期抑郁，我们应该积极地去治疗。

❤ **咨询专业人士。**如果觉得自

己已经无法控制自己的情绪了,姐妹们可以考虑求助于心理医生。有的时候,潜在的家庭关系才是我们抑郁的真正原因,但很多姐妹无法自己意识到这一点,专业的心理咨询师则能够很好地帮助我们走出阴霾。

❤ **找到合适的倾诉点。** 不要把情绪憋在心里,也不要觉得这个世界上根本没有人理解你。难受的时候找个朋友出来,想说什么就勇敢地说,如果真的找不到那么合适的人,也可以通过写日记的方式来找到出口。

❤ **积极的自我暗示。** 每当控制不住想发火的时候,不要质疑自己的自控能力,而是告诉自己,没关系,这只是体内激素变化捣的鬼,自己绝对不是一个毫无自制能力的人。

在"我是准妈我最大"的前提下,对于自我情绪也要进行有效管理,给予自己积极的心理暗示,这才是我们孕期真正需要注意和学习的东西。

可以亲热，但别太猛哦！

刚刚怀孕的时候，婆婆就来到家里"检查"了一番，进了卧室多次，有些话还是没好意思开口，最后终于拐弯抹角地说出了最想叮嘱我和老公的话：千万要禁欲，不要"贪嘴"。

孕早期确实不能做爱，这点我和老公都很清楚，因为那个时候胚胎虽然在子宫着床了，但状态还不是很稳定。姑且不说做爱进行的激烈程度，就是有一点挑逗性的刺激也会引起子宫收缩，有可能造成流产的危险，所以我们很自觉地分床睡了。

终于度过了危险期，宝宝已经在肚子里"坐实"，而且开始快乐地成长了，作为父母的我们也是时候亲热一下了。我们需要爱抚和交流，也需要让宝宝知道，我们不但是最爱他的父母，也是最相爱的一对。所以，老公又搬回卧室睡了。

可惜没几天，婆婆却在"例行

检查"中发现了我们夫妻之间这点亲热的小秘密,又是一顿拐弯抹角的提醒。

难道孕期真的绝对不能有性生活?事实上,孕期不需要绝对禁欲,在孕中期,亲密行动是可以有的,只是需要多加注意罢了。

先来为姐妹们解答一些误区吧。

误区一:孕期做爱会让胎儿受到撞击,所以最好整个孕期都不要做爱。

答疑:在孕中期,胎儿已经有羊水的保护,可以说我们的宝宝是处在一个水环境当中,与外界是基本隔离的,羊水不但使宝宝免受细菌的侵害,还能让宝宝免于撞击或震荡,因此也没有多大的流产危险。所以适当亲热可以,但千万不要有一些高难度的姿势,还有准爸爸动作也尽量轻柔些,不要冲刺过猛就行。

误区二:孕期做爱很容易母婴感染。

答疑:我们的身体是很奇妙的,当那颗幸运的精子撞到卵子里面之后,宫颈第一时间感受到了这个变化,于是它开始发挥自己的作用,分泌黏液来封住子宫口,避免其他精子的进入,也阻挡了细菌的入侵。所以,只要做爱前进行有效的清洁,是不会发生感染的。如果实在不放心,还可以戴套套嘛。

不过并不是所有的孕妇在孕中期都可以有亲热行为的哦。

那些被确诊为低置胎盘或者患有妊娠高压综合征的准妈妈就没那么幸运了,因为自身的保护能力很弱,很不适合再受到性的刺激,否则容易引起产前大出血、早产甚至胎死等状况。

同样,有过早产史的准妈妈也被排在"不幸运"的名单内了。不

管当初引起早产的原因究竟是什么,都要避免孕期性生活,至少能让宝宝更安全一些,面对不明因素,我们所能做的是慎之又慎。

有习惯性流产史的准妈妈也要避免孕期性生活。不过一般习惯性流产的孕妇都需要安胎,每天躺着的时间要远远多于走动的时间,说实话会完全没有兴致想这件事。不过为了安全起见,不但不能有性生活,最好连语言上的性挑逗也不要有,免得身体自然的反应引起子宫收缩,导致腹中脆弱的小生命流产。

除了以上三种情况之外,一切正常的姐妹都可以放心地亲热一下。而且到了孕中期,在我们体内激素的作用下,的确会有一个性欲小高峰,而且在这个时段很容易达到性高潮,所以不妨就给自己辛苦的孕期来点调味剂吧!

每天按摩半小时，别让腿脚的浮肿影响你

研究显示，大概有百分之九十以上的女性在怀孕时期都会出现不同程度的水肿，以前纤细的双腿甚至会变成难看的"象腿"。

为什么准妈妈们总是难逃"象腿"的命运呢？

首先，因为怀孕了，我们的子宫在一天天长大，重量也在一天天增加，这样必然会压迫到下腔静脉，使得下腔静脉当中的血液回流受阻，产生水肿。

其次，胎盘形成之后，会分泌一些激素，这些激素会刺激到肾脏，使其处理水分的能力降低，体内就淤积了很多水分排不出去，造成水肿。

如果准妈妈有些贫血的话，水

肿的情况会更严重一些，因为贫血患者的血浆蛋白比较低，水分很容易从血管中渗透到组织细胞的间隙里，形成水肿。

水肿除了会带给我们更多的疲劳感和疼痛感之外，粗粗的"象腿"也会严重影响到我们的形象和心情。让我们和"辣妈"这一称呼拉开了距离。

幸好，我那个时候是做足了准备的。

备孕的时候就开始锻炼是准备之一，保证腿部充分的血液循环是防止浮肿的关键。

如果下半身气血不通畅，也会造成水肿，所以怀孕了之后，我就非常注意下半身的保暖。

睡觉的时候将腿垫高，做一些抬腿运动也是避免或消除浮肿的办法。但最关键的，还是我有一个很好的按摩师。

从我的肚子还没有长大到妨碍身体活动的时候，老公就把按摩的工作全权代劳了，并且每天坚持半小时。

按摩先从双脚开始。脚心处有一个穴位叫做涌泉穴，《黄帝内经》有言："肾出于涌泉，涌泉者，足心也。"意思是这个穴位是和肾脏挂钩的，肾经之气就像是涌泉之水，来自于足底，按摩这个穴位能够提升我们的肾气，促进肾脏的工作。

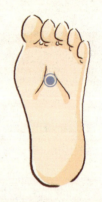

按摩的时候力道不要过重，可以采取先用手指按压此穴位，然后再搓揉整个脚心的顺序来进行，重要的是要让双脚感到暖暖的。在这个过程当中要注意捏捏脚后跟，因为越来越沉重的身体给脚后跟的压力也越来越大。

然后就是腿部。老公的按摩方法是将双手圈成环状，然后从脚踝一直笼着腿向上推，直推到大腿根部，到达膝盖里窝的时候停顿一下，捏捏膝盖窝里面的穴位。每条腿进行二十次。

除了推拿之外，还有揉捏。也是从小腿到大腿，轻轻揉捏腿部的肉肉，就好像是要把这些肉肉从小腿一直挤到大腿上一样。如果此时下半身已经浮肿的话，会感到酸

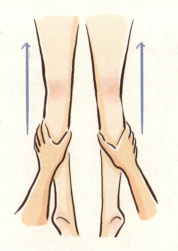

人工的力量推上来，搓揉腹股沟则能够加速下半身的体液循环，有效排出腿部淤积的水分。

每天坚持这样的按摩，不但能让身体暖和起来，也可以有效避免浮肿，此外，在按摩的过程中还能感受到爱和力量。

痛，不过坚持按摩一段时间，酸痛感就会消失，腿部的浮肿也会减轻。

最后，还要记得用食指和中指摩擦腹股沟。这里是淋巴循环的主干道，前面的按摩是为了将堆积在小腿和大腿部分的毒素和水分通过

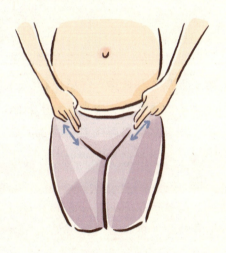

第四章　29~40周，小心呵护你的养颜硕果

睡觉睡得有技巧，肚子才能长得好

刚怀孕的时候，肚子长得还算慢，而且也不是很大，所以睡觉的时候不觉得有多么难受，除了偶尔因为想太多或者上厕所而有些失眠之外，睡姿倒还没有成为困扰我的问题。

但到了孕中期和孕后期，问题就出现了。肚子越来越大，而且胸部也越来越大，躺着睡非常不舒服，侧卧又坚持不了多长时间就想翻身。再加上腿有些浮肿，怎么放都不舒服，浑身都有压迫感，睡觉就变成了一件让我感到恐惧的事情了。

后来去产检的时候专门咨询了一下医生，医生说，因为我们的肝脏位于身体的右侧，而且孕期对于肝功能的考验非常严峻，睡觉的时候首先要注意避免压迫到肝脏，以免阻碍其工作，所以正确的姿势就应该朝左侧卧。

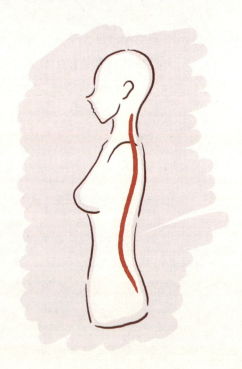

左侧卧还能够减轻我们越来越沉重的身体对脊椎的压力。因为脊椎并不是一条直线,而是有一定弯曲度的,如果平躺着睡的话,就会给脊椎的弯曲处造成一个水平的压力,对脊椎是不利的。

另外,到孕后期,子宫里面连同胎儿、羊水和胎盘等的重量,可以达到六公斤,子宫要很大的血流量才能维持它们的正常。如果平躺着睡,会压迫到子宫后方的腹主动脉,造成供血不良,还可能引起妊娠中毒症。

所以,医生建议我,马上开始习惯左侧卧的睡姿,侧卧的时候腿稍微弯曲,将腹部蜷在身体里,就会很舒服的。

刚开始还是不习惯,我也很担心,长期保持一个姿势不变,是否会对宝宝不利呢?而且左侧卧虽然入睡相对要快一些,但是我自己也不知道睡着了会不会翻身改成平躺的姿势。于是,老公发挥作用的时候又到了,我们实行"背靠背慢慢变老"的策略。晚上入睡,我保持左侧卧的姿势,他就来个右侧卧,用背来抵着我的背,这样就算我想翻身也会受到阻拦,未必能翻得过来了;或者他干脆从后面环抱住我,更能控制我翻身的欲望。

老公还专门去买了一个孕妇护腰枕来给我,让我垫在背部,这样就算他懒得想翻身了,也有护腰枕来帮我的忙。

不过到了怀孕的30周后,我就发现担心翻身已经没有必要了。

午休的时候还好，只要躺上三十分钟左右，用个薄枕头将腿垫高，减轻腿部浮肿就可以了。到了晚上长时间睡眠的时候，平躺着是件非常难受的事情，就算在睡眠中换成了仰卧姿势，也会自己醒过来并且及时调整。

关于长期保持一个姿势睡觉会不会影响到宝宝的发育这个问题，答案是只要睡姿正确，就没有影响。左侧卧主要是考虑到我们自身的舒适程度，还有肝脏的工作和血管的供血量。至于子宫内的宝宝，其实他们生活在羊水中，就是一个纯粹的水环境，不管我们朝哪边躺卧，他都可以找到适合自己的姿势。所以姐妹们无需过多担心，自己能睡好，就是对宝宝最大的关爱。

牙疼不是病，疼起来真要命！

千小心万小心，但牙齿问题却还是没有做到位，虽然孕前进行过检查，而且很提前地修补了一颗虫牙，但在某天，牙齿还是让我感到不舒服了。起因是刷牙的时候，水温稍微低了一点，就感到牙齿一阵刺痛。

一开始没有在意，但后来发现，只要说话的时候吹进凉风，牙齿就会敏感地痛一下，吃酸的、微凉的食物时感觉尤甚，才发现自己的牙病犯了。

虽然不能进行相关治疗，但还是去咨询了医生，也知道了**为什么在孕期会容易爆发牙周病**。

第一，雌激素和孕激素增多。 女性在怀孕后，体内的雌激素和孕激素增多，会使牙龈部分的毛细血管扩张、弯曲、弹性减弱，所以血液来到这里的时候就会淤积下来，血管壁的通透性增强了，就引发了牙龈发炎。另外，在怀孕之后，我们的饮食习惯会有一定的改变，容易忽略口腔卫生，更容易引发牙病。

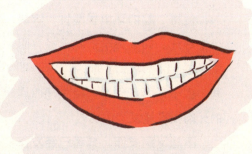

第二，牙菌斑作怪。这些牙菌斑会在激素变化的影响下发炎，造成牙龈疼痛、出血，甚至无法咀嚼等情况。

孕期最常见的牙病

牙齿敏感。我当时就出现牙齿敏感的情况，这已经算是最轻的了。喜甜和喜酸食的姐妹们要注意了，这些食物对牙齿的磨损比较严重，不知不觉就形成了敏感牙齿。敏感牙齿只是在受到刺激的时候让人感到不适，比起被牙周病或者蛀牙折磨来说，当时我还是比较幸运的了。

牙周病。这也是孕期常见的牙病，主要表现就是牙周浮肿、牙齿松动等。

蛀牙。孕期唾液量的分泌会增加，使得口腔内环境呈酸性，容易产生蛀牙。如果怀孕前就已经有阻生牙并且没有拔除的话，怀孕期间，由于牙菌斑作祟，阻生牙四周的牙肉很可能发炎肿胀。

不想牙病发作，或者已经发作了但不想被长长久久地折磨下去该怎么办呢？

首先，我们要从营养方面下工夫。营养必须均衡，这样就能够减少龋齿和牙周病的发生，而且均衡的营养和充足的钙质在满足宝宝牙齿和骨骼发育所需的同时，也能让我们的牙齿变得坚固。

其次，可以做一些有效的口腔运动。每天坚持上下叩齿五十下，然后用舌头在口腔里做搅拌运动，这样能够增加唾液的分泌量。唾液中有一种溶菌酶，具有杀菌和清洁牙齿的作用。

刷牙的方法正确与否也与牙齿的健康有很大的关系。姐妹们在孕期，应该在每餐之后都刷一次牙，有效刷牙能够帮助我们祛除口腔内的百分之七十的细菌，推荐给

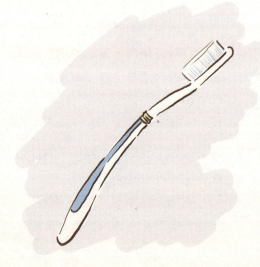

姐妹们"竖刷法"和"水平颤动法"。而剩下的百分之三十的细菌比较难清除,因为它们都潜藏于牙缝当中,这个时候牙线就要派上用场了。

要提醒姐妹们的是,最好饭后三分钟之内就去刷牙,每个牙齿的三个面都要刷到,就是内侧、外侧和咬合面,而且每次刷牙的时间都不要少于三分钟。但要注意,如果吃了一些酸性的食物,最好先漱口,过一个小时再刷牙。

如果不想孕期遭受牙病困扰,选择适合自己的牙膏也是非常必要的。举个例子,像我这样牙齿敏感的姐妹,可以选择脱敏牙膏或者专门针对敏感牙齿研制的牙膏;如果长了龋齿,要选择含氟或者含锶的牙膏;如果牙龈出血的话,最好选择能消炎止血的牙膏。

为了降低龋齿和牙周病的发生,建议姐妹们长期使用含氟的牙膏。

另外,牙刷的选择也要注意,因为我们的口腔更为敏感,所以要选择软毛刷并且刷头较小的保健牙刷,而且每个月都要更换一次牙刷。

入院前,辣妈的准备战!

经过了艰辛的"孕程",宝宝终于是要降生了!入院前,还有一系列的准备要做足哦,而且事实证明,准备得越充分,才越不会慌乱,不会出现临时发现很多东西根本没有考虑到等情况。这对宝宝和我们自己都是一种负责任的表现。

那么入院前究竟要准备些什么呢?

除了要考虑到宝宝出生的需要,当然还要考虑到我们自己的需要了,为健康和为美丽的准备要双管齐下。

因为所有的东西最终都要塞到一个大包里面,所以我们就姑且把这个包称作"待产包"吧。关于待产包的准备时间,心急的人从获知自己怀孕的时候就开始准备了,而有的慢性子姐妹则是到了待产前才慌手慌脚。我是从第七个月的时候开始着手准备的,这也得益于妈妈的帮助。老太太闲下来时,还专门陪着我逛母婴商店,货比三家地买东西,真正做到了无遗漏且不吃亏。

至于该准备些什么东西,除了听取婆婆和妈妈的意见之外,我还咨询了生育过的姐妹们,因为毕竟时代不同了嘛,老一辈的经验有时候并不可靠。

经过一番努力,我的"超全待产包"终于出炉了,虽然后面有几样没有用到,但总之准备了,咱才不心慌。现在一一来给姐妹们数数

我待产包里准备的东西吧!

衣服类

二至三件哺乳式文胸是必不可少的,只要做到喂奶方便,而且够换洗就可以了。

束腹裤和束腹带。本来这两样东西的功效是差不多的,但是结合起来穿效果会更好。大家都知道,刚刚生完孩子,肚皮是松松垮垮的,很容易堆积脂肪,只能靠束腹的物品来暂时紧绷腹部了。

防溢乳垫一盒。把防溢乳垫放在内衣里面,吸收溢出来的乳汁,保持乳房的干燥。

开襟的外套一件。虽然我生宝宝的时候是夏天,但到了傍晚还是会有风的,如果要起来在医院里走动一下,还是披上件外套保险,避免受凉。

出院的衣服一套。在这一进一出的过程中,我就已经不再是大肚子啦,所以要准备好一套出院时穿的衣服。

帽子一顶。防晒也好,防风吹到也好,总之要按季节来准备帽子。

日用品类

小镜子一面。无论何时都要注意形象哦,哪怕是在怀孕的关头。就算不想面对自己长斑的皮肤,但观察自己的变化也是必要的,当然,还要准备木梳或者牛角梳一把。

护肤品一套。为防止东西太

多，护肤品就不要带原装的了，如果没有旅行套装，买一些小容器，单独装够三五天使用的即可。还有防妊娠纹的按摩油别忘了带，尤其在产后，一定要记得坚持使用。

牙刷、牙膏和漱口水。 如果产后实在没有力气起身刷牙，也要在饭后使用漱口水，保持口腔清洁。

产妇卫生巾一包。 因为产后恶露不会马上散尽，所以需要使用卫生巾，最好再准备一包成人纸尿裤。

毛巾两块。 一块用来洗脸，一块用来擦脚。

小盆两个。 一个用来洗脸和洗乳房，一个用来洗脚。

肥皂和无刺激的香皂各一块。 用来清洗一些衣物和自己的身体。

拖鞋一双、衣架一两个。

卫生纸、湿纸巾若干。 随时随地都会用到它们的。

带吸管的杯子。 万一产后起身不方便，用这样的杯子喝水就很方便。

一次性杯子。 用来招待来探访的客人。

一两个可以放到微波炉里加热的饭盒、筷子一双、勺子一把。

吸奶器。 产后要借助吸奶器来开奶。

美妈准备停当，接下来就是为宝宝准备了。在这里提醒姐妹们一句，生产之后一定会有亲朋好友带上礼物来探望。大家送的礼物可能因为重复而造成浪费，所以可以与关系很好的朋友提前商量自己需要什么，酌情购买，免得铺张浪费。

当然如果没有意外，生完宝宝两三天之后就可以出院了，所以宝宝的东西大多是准备在家里的，放在待产包里的东西有：

纸尿裤（NB号）一包。 NB是初生婴儿专用的，这个型号的纸尿裤的特点是不会包住宝宝的肚脐眼。

一小罐奶粉。 虽然初乳营养丰富，但毕竟量很少，所以如果怕宝宝吃不饱的话，就准备一小罐奶粉。

婴儿专用湿巾、小方巾若干块。 这些东西哪里都用得到，比如给宝宝擦身体，喂奶的时候垫在宝宝的下巴底下防止弄湿衣服等等，用处很多。

奶瓶两只。 最好是广口的，便于清洗，一只装奶，一只装水。初生婴儿要多喝水以预防黄疸。

爽身粉一罐。 因为宝宝出生的时候是夏天，很怕小家伙长痱子。

宝宝的衣服两套。 保证有穿有换。

斗篷。 准备一件稍微大点儿的，主要是为了出院回家时包裹宝宝。

其余的很多东西，都已经放在宝宝的房间里了，只等小家伙回家之后慢慢使用。

最后，待产包里面不要忘记备好各种证明，包括就医卡、母子健康手册、身份证、准生证、银行卡和现金，另外，还可以为自己准备好相机，记录下最珍贵的瞬间。

这时候就别考虑太多了——临产前的保养食谱

宫缩已经开始，虽然阵痛还不是很明显，但已经让我们感到焦虑不堪了。对于吃东西这件事情也就不太在意，只是急迫地想着赶快进产房，赶紧把孩子生下来才是头等大事。

其实，越是到了这个时候，越要吃饱喝足睡好，否则，根本没有力气生孩子。临产前如果进食不佳，身体就会供不应求，没有足够的能量，宫缩也会无力。这样就延长了产程，可能导致胎儿在宫内窘迫窒息，甚至在分娩的过程中死亡，而母亲本身也可能因为内能不足而极度衰竭，产后子宫无法收缩，导致大出血。

所以，越是到了这个关键的时候，就越不能掉以轻心，就算没有心情吃，也要吃些东西，保证接下来几个小时的身体所需。但是宫缩一阵一阵，疼痛的时候甚至想吐，还怎么吃得进去东西？

我临产的时候，医生就提前教了我灵活战术。虽然宫缩影响了胃口，但刚开始的时候，宫缩的间歇时间还比较长，那么我就可以在宫

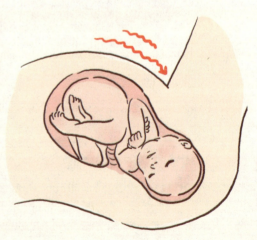

缩间歇期吃东西，因为宫缩的时候也要消耗掉很多能量。

吃什么，也是有讲究的。首先要容易消化；其次要富含维生素、蛋白质以及身体所需的糖分。这个时候就不用考虑一日三餐的规律了，可以少食多餐，每天进食五次左右，还要注意补充水分。

在临产前，宫缩影响到了我们胃肠道分泌消化液的能力，所以食物在身体里等待消化的时间要比平时更长，很容易存食。因此要注意，千万别吃些不容易消化以及太肥腻的东西，否则只会让充电保养适得其反。

在我入院等待孩子出生的时候，亲人们也各司其职地忙碌了起来。老公就专门负责陪在身边听使唤，婆婆和老妈则分别发挥了她们的好厨艺，为我准备了很多保养大餐和小零食，现在就为姐妹们推荐一些吧。

先说我婆婆做的牛骨汤。这款汤功能齐全，作为首推。

因为牛骨里面含有丰富的钙质，对准妈妈和胎儿都有益处，所以在孕期，婆婆会隔三差五地炖牛骨汤给我喝，现在临产了，这款靓汤在她的手中已经被操作得非常棒了。

原料：

选取牛骨1公斤，斩断备用；红萝卜、西红柿和椰菜各200克，洋葱1个，黑胡椒少许。

做法：

①把斩断的牛骨放进锅里加水煮，水开后再煮五分钟，取出来后用清水冲洗干净。

②把红萝卜、西红柿、椰菜和洋葱都切成块，在锅里放油，烧热后慢火将洋葱炒香，然后加水煮开，把骨头以及各种材料全部放入

锅中,慢火炖上一个小时,放盐调味即可。

蔬菜富含营养,牛骨也毫不肥腻,可以补充身体所需水分。

接下来还有羊肉红枣当归汤。

羊肉属于温补性质的,在临产前三天,就可以每天服用羊肉红枣当归汤了。此汤能够增强我们的体力、帮助我们顺利分娩,它还有安神的作用,能够帮助我们快速消除疲劳。

原料:

优质的羊肉400克,黄芪15克,当归15克,红枣2把,红糖适量。

做法:

羊肉、红糖、黄芪、当归以及红枣全部放进锅里,加入足量水一起煮,直到水剩下一半的时候起锅。

虽然在羊肉汤里加入红糖,味道显得怪怪的,但考虑到它的食补作用,姐妹们还是不要拒绝哦。

婆婆熬汤,妈妈就给我做了很多美味的小点心。

其一是核桃酪。

原料:

选取核桃仁50克,糯米200克,大枣1小把,还有1包牛奶和适量的白砂糖。

做法:

①核桃仁用开水浸泡之后,过一次凉水,然后剥去皮,捣碎备用。

②大枣用开水浸泡,剥去外皮以及核,捣碎备用;糯米同样用水浸泡之后捣碎;在锅里加入清水,把这些捣碎了的核桃仁、大枣、糯米一同放到锅里煮成粥。

③倒入牛奶烧开,起锅时放入白糖调味。

香甜的牛奶粥,再加上营养丰富的核桃、大枣,在临产前食用,能够帮助我们增加力气,而且口味非常不错哦。

其二就是鲜奶蒸蛋。

原料：

鲜牛奶1包，鸡蛋2个，白糖适量。

做法：

①打开鸡蛋，用矿泉水瓶子吸走蛋黄，只留下蛋白备用。

②把蛋白打散，加入牛奶和白糖一起调匀，放在容器里用锅蒸。中火蒸10分钟后，待容器中的蛋白鲜奶凝固起来就可以吃了。

我超爱老妈做的这个鲜奶蒸蛋，宫缩的时候很难受，吃东西勉强得很，但从不拒绝这个小点心。

临产十忌,别让你的努力功亏一篑

临生产了,十个月的辛苦、十个月的挣扎、十个月的苦和甜、十个月的奇妙感受,经过这么几天,就要结束啦!此生应该再也不会有这样的机会了。

可是,怎么会有点害怕,怎么会有点担心,但又暗自有些小兴奋呢?这个生长在我身体里却从未谋面的宝贝究竟长什么样?是像他老爸多一点,还是像我多一点?生这个小家伙的过程会不会痛到窒息?我那么怕疼,要怎么去忍受?……

在这里要提醒各位姐妹一句,着急归着急,到了临产的时候一定要注意一些问题,努力让一切顺其自然,否则很容易引起一些不利的情况。

这里为大家提供我个人总结出来的临产十忌作为参考。

一忌:忽视产前保健

分娩是一个非常耗费体力的过程,因为我们需要子宫有力的收缩来把胎儿从子宫中"逼"出来。要保证宫缩有力，除了孕期良好的营养和身体素质做基础之外，产前的保健也是关键，如果产前因为紧张吃不好睡不好，对生产是十分不利的。

临产前尽管心绪复杂，但姐妹们还是要说服自己稳稳地走好这最后几天的怀孕期，注意营养、少食多餐，还要补充足够的水分，使体内能量充足。还要保证自己的睡眠，这样才能精力充沛。另外还要记住，千万不要憋尿，要按时排净小便。特别到了临产前等待宫缩的时候，不但要把小便清空了，大便也要按时排出，否则可能会影响到胎头下降，更有可能引起胎儿感染。

二忌：无端的害怕

忧思忧虑会导致失眠，这对生产是不利的。没有进行足够的休息就没有足够的体力和精力，还会妨碍到全身的应激能力，使身体不能快速进入待产的最佳状态。

三忌：性急

有些准妈妈是急性子，特别是过了预产期但肚子还没有丝毫动静的姐妹，更是不知道把心放在哪里才安心，甚至会产生用催产药、打催产针的念头。焦急的心情会给分娩带来不良影响，乱用药物就更可怕了。

其实分娩时间在预产期的前后十天都是正常的，按时产检并且没有什么问题的准妈妈实在不需要为这个问题担心。如果超过预产期十天仍然没有动静的话，就该上医院检查了。

四忌：过度紧张

过度紧张会提高肌肉对外界刺激的敏感度，稍微一点儿刺激就会引起身体的疼痛，误以为是生产时间到了。而且，在生产的时候过度紧张的话，就会让疼痛加剧。

生孩子本身就有一定的痛苦和危险，但只要之前检查没有什么问题，一般都能顺产的。在现代医学条件下，分娩的安全性已经大大提高了，对于危险的预警也相对准确，所以不用过度庸人自扰，担心会遇到难产、大出血之类的问题。

五忌：粗心大意

有的准妈妈有强迫症，在产前就每天都要检查一遍早已收拾好的东西，恨不得这个也带上，那个也带上。但有的准妈妈却相反，属于粗枝大叶型的，虽然有所准备，但却丢三落四地漏带了很多必需品，到了临产的时候手忙脚乱，更容易发生意外。所以待产物品一定要提前准备好。

六忌：远行

到了孕期的最后两个月，就不应该安排远行了。临近预产期的时候，没事不要随便外出，而且手边要提前准备好电话，甚至出租车公司的电话号码，防止突然临盆而找不到人来帮助自己。老公倒是已经将我的手机重新设置了一遍快捷键拨号，按1是他的号码，2是我父母的号码，3是一个熟悉的出租车司机的号码，4是他一个好哥们儿的号码……生怕我到时候突发状况没人在身边，连手机电话簿都不会翻看了，真正做到了有备无患啊！

七忌：孤独

就算心态再好的准妈妈，在头胎无经验的时候，都或多或少会出现紧张的心理。这个时候的我们非常需要来自亲人的关心，尤其是老公的宽慰和鼓励。我临产前也非常害怕，就怕眼前见不到人，所以老

公在忙碌工作之余把所有时间都贡献给我了，就算见不着面的那几个小时，他也不忘电话、短信问候，温情满溢。

八忌：饥饿

分娩的时候需要耗费很多体力，所以产前一定要吃饱，而且要吃好。最好吃一些营养丰富而且易于消化的食物，千万不要因为太紧张没有食欲就空腹进产房。

九忌：懒惰

很多准妈妈觉得，最辛苦的时候马上就要到来了，提前住进医院待产的她们就懒得动了。要知道，养精蓄锐可不是躺在床上就能做到；相反，如果不运动，可能会延缓宫颈口张开的时间。就算宫缩已经开始，也要坚持起来散散步，走动有益于宫颈口尽快张开，缩短生产过程，也就少受几分苦。

十忌：滥用药物

分娩是很正常的生理活动，虽然会疼痛，但一般不需要用药物来缓解，而且也没有能够使产妇腹痛减轻的药物。这就算是上天给女性升级当妈妈的考验吧，所有母亲都是这么坚持到最后的，剧痛的过后带来的是幸福。想想这个，所有的疼痛咬咬牙也就扛过去了。

尽量顺产，但是也别害怕剖宫

顺产还是剖宫呢？剖宫还是顺产呢？

到了孕38周之后，我几乎每天要问自己一百次这个问题，可那孩子爹倒是坦然得很，"顺产不行，咱就剖宫，反正说什么也得把孩子生下来不是？"看来，他根本不知道我在忧虑什么。

理论上来说，要是胎儿没有什么问题，水到渠成的事情自然是顺产就OK了，但是考虑到顺产是个非常疼的过程，而且顺产之后产道难免会松弛，要是恢复不好，很可能影响以后性生活的质量。

剖宫，一般是认定不能够顺利产出胎儿之后的应急方法，但剖宫会在肚子上留下一道永远无法抹去的伤痕，而且在看不见的地方——子宫上也同样有一道伤痕，恢复起来非常不容易。

不过焦虑归焦虑，如果没有特殊情况的话，建议姐妹们尽量选择顺产，当然就算要剖宫，咱也不要害怕。

因为我自己是顺产的，所以先就给姐妹们罗列一下顺产的好处吧。

其一，因为是阴道分娩，属于一种自然现象，所以熬过了那十多个小时的阵痛之后，马上就会感到轻松了，能即时下地活动，大小便自如，生活和饮食也能在短时间内恢复正常，更利于我们照顾宝宝。

其二，自然分娩基本不需要太

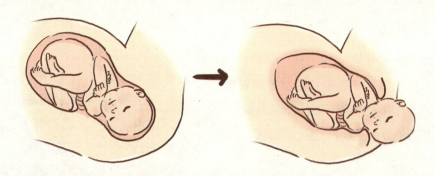

长时间住院休养,生完宝宝两三天之后就可以出院了,而且可以即时开始锻炼,有利于体型尽早恢复。

其三,自然分娩能避免剖宫带来的弊端。与剖宫产相比,顺产更环保,能节约更多的资源。

其四,从长远一点的角度来看,顺产之后更容易选择以后的避孕方式,比如可以尽早放环。如果不幸又怀孕并且需要人工流产的时候,也不用担心会刮破子宫,引起腹部肠粘连等情况。

其五,顺产的时候,我们的垂体会分泌一种催产素来帮助子宫收缩,这种激素还能够促进产后乳汁的分泌。

综上所述,顺产是最好的选择。但并不是人人都能够顺产,我们来看一下决定一个妈妈是否能顺产有哪些因素吧。

♥ **年龄**。年龄是不能忽视的,女性的最佳生育年龄是二十五岁至二十九岁,在这期间顺产的可能性也比较大。

♥ **定期产检**。怀孕时定期做产检对顺产来说是非常必要的,如果有问题,及时发现也会方便治疗。

♥ **胎儿的大小**。顺产也要视胎儿的大小,如果宝宝在妈妈肚子里营养过剩,个头长得比较大,生产的时候胎头就容易卡在骨盆处,这种情况就不得不接受剖宫了。

♥ **宝宝的位置**。宝宝在子宫中的位置也是决定能否顺产的因素之一,如果宝宝是臀围或者横位,又或者有双胞胎、多胞胎甚至连体婴儿的情况,都尽量选择剖宫。

♥ **妈妈自身的产力**。宫缩有力,胎儿很容易顺产;如果宫缩无力,就很难顺利产下胎儿。

♥ **妈妈们的心情**。心情太过紧张,会无法配合医生的指导,也会给顺产增添麻烦。

所以,如果事先就决定好要顺产,并且希望顺产的过程轻松些的话,**姐妹们要记住以下这些小良方哦。**

第一,一定要做好产检。

产检能够帮助我们检查出产道是否适合顺产,如果是软产道的话,就只能进行剖宫了。

第二,在孕期要合理膳食,控制体重。

给自己和宝宝补充营养不是要大家盲目地吃,而是要吃得合理、吃得合适。如果摄入太多的脂肪,而自身锻炼又不足的话,就很容易造成宝宝体型过大,增加顺产的危险。

第三,要坚持锻炼。

身体好才能保证宫缩有力,在最考验体力的时候,只有坚持锻炼的妈妈才能挺过来。

第四,保持愉快的心情。

相信自己一定能顺利将宝宝生下来,也相信宝宝会配合好自己,心情愉快才不会过分紧张害怕。

顺产固然好,但有的姐妹却不得不选择剖宫。虽然我自己没有剖宫的经验,不过在这里可以为姐妹们先介绍一下哪些情况需要剖宫,希望姐妹们提前做好准备。

❤ 骨盆过小,没有足够空间让宝宝顺利从骨盆腔出来。

❤ 腹中胎儿过大,无法顺利途经产道,患有糖尿病的妈妈怀的宝宝体积过大的几率就很高。

❤ 由于脐带绕颈或者其他原因造成胎儿缺氧。

❤ 胎位不正。

❤ 患有妊娠高血压综合征。

❤ 在自然分娩过程中,宫缩无力。

❤ 早产儿。

辣妈的温馨提示
- 月子休息好对一生都有益
- 营养不要补充过剩
- 可以适当运动
- 调整睡眠时间，尽量贴近宝宝的生物钟
- 调节心情，远离抑郁

第五章
分娩后42天内的恢复调理计划

休息！休息！还是休息！

生产是一项非常消耗体力的事情，仿佛在那几个小时当中，已经把前期积蓄下来的能量全部用掉了，所以在听见宝宝的第一声啼哭之后，整个人会马上松弛下来，感到十分疲惫。

这种疲惫包括身体上和心灵上的，所以产后休息对我们来说非常重要。无需干活儿，也不要想太多，只要放松自己，真正养足精神，才能够更好地照顾宝宝。

产褥期调整是否得当，关系到我们此后的健康问题，有些事情是必须注意的。

第一，不要使用内置卫生棉。 产后恶露不尽，姐妹们可以用卫生巾或卫生护垫来吸收分泌物，一定不要

使用内置的卫生棉条。因为产道在经历了生产之后非常脆弱，很容易感染，而卫生棉条的透气性很差，容易引起我们的私处感染。正确的做法是勤于更换卫生巾，并且注意清洗阴部。

第二，勤排便和清洗阴部。 在

分娩的时候由于宫缩不断挤压到直肠，会引起便意。如果在产后想要大便，不管多累也要先起来将粪便排干净。如果做过侧切有缝线的话，排便的时候可以用一块卫生垫轻压在伤口处。分娩后要多喝水、多排尿，每次排尿和排便之后，都要用温水冲洗阴部，这样就不会有灼痛感了。

第三，适当下床运动。 坐月子不代表要一直躺在床上不动，早些下床活动其实对我们更有利。我在生产之后先是饱饱地睡了一觉，然后就坐起来吃东西，也就是间隔了八小时左右，第二天就可以下床活动了。当然，如果是做剖腹产的姐妹，还需要卧床休息两三天，下床活动时，动作一定要轻柔，不要进行重体力劳动，以防子宫脱垂。

第四，产后留院观察。 主要是查看子宫是否还存在出血的危险，一般在二十四小时后就能够确定新妈妈产后是否一切正常了，在这期间，我们可以先自己按摩一下子宫，减少出血量。

离开医院回到家后，就要开始坐月子了。

月子在医学上叫做产褥期，时间定义为从宝宝出生至此后六周。因为我们身体的各部件在经过这场历练之后都需要一段恢复的时间，所以这六周，我们可以把精力完全地放在自己和宝宝身上。

当然，坐月子还需要注意一些问题。

首先，房间要保持空气流通。 老一辈的人会不断教导我们说，月子期间一定要注意防风，不能受凉，否则会落下一辈子的病根。这种说法有一定道理，防风是必要的，但也应该保持室内空气流通。适当的通风换气有利于产后恢复。

新鲜空气能让我们心情愉快、睡眠质量提高，休息的成果能更好地得以体现。

其次，房间要安静。 月子期间，母婴房里还是保持相对安静的好，谢绝过多的探视，也不要让太多人络绎不绝地出入自己和宝宝同住的房间。和朋友聊天可以，但不要说话过多，劳神伤气，而且产后体内可能虚热扰心，我们会显得烦躁不安，所以要避免太多的噪音。

再次，老公的体贴也很重要。 宝宝出生之后，我发现老公讲话异常温柔起来，本来他也不是什么坏脾气的人，现在更是一点儿脾气都没有了，凡事都轻言细语地说，家务也做得尽善尽美，让我感觉很幸福。

最后，可以提前在房间里准备一些盆景或其他鲜花。 这些能让我们心情愉悦的植物，有助于我们心情放松，并更好地入睡。

一切准备，都是为了月子期间的休息。只有养好了身体，才能进行接下来的新生活呀！

漂亮妈咪的月子食谱

在经历了几个小时无法用语言形容的疼痛之后,似乎把之前积攒的元气都耗尽了。宝宝的新生,也宛若我们的新生,所以接下来的调养非常重要,如果在月子期调养不好的话,很可能落下一些顽疾,一辈子都好不了。

产后随之开始的是哺乳的阶段,姐妹们要怎么吃才能既保证自己身体的恢复,又保证宝宝营养的丰富,还能让我们迅速回归美丽呢?

先来看看,产后的妈妈需要什么样的营养吧。

蛋白质

妈妈们摄取的蛋白质影响着乳汁的分泌,也直接影响着宝宝的膳食健康。当我们体内蛋白质含量不足时,乳汁就容易分泌不足,所以妈妈们在月子期间要保证足够的蛋白质摄入。

母亲摄入的蛋白质有接近百分之六十的会变成乳蛋白,所以我们每天大概需要100克的蛋白质。

热能

哺乳期间,我们的热能消耗巨大,一方面我们要保证乳汁本身所含的热量,另一方面,泌乳也是一个消耗能量的过程。所以这个时候就不要惧怕高热量的食物了,每天应该为自己和宝宝多增加500千卡的热能。

脂类

如果我们从外界摄入的脂肪量不足，身体就会动用我们自身储存的脂肪，可不要觉得这是减肥的好时机哦，在月子期间动用自身储备的脂肪就像是动摇了房间的承重墙一样，后果不堪设想。

宝宝的中枢神经系统发育以及脂溶性维生素的吸收都需要脂类的参与，所以新妈妈们在每天的膳食当中应该摄入一定的脂类。

我们分泌的乳汁中的脂肪由体脂、乳糜微粒和乳腺合脂混合而成，当体内热量平衡的时候，乳汁中的脂肪酸和膳食中的脂肪酸的含量是相等的，这样对宝宝的身体最有利。

铁和铜

我们体内的铁和铜几乎不能够通过乳腺与乳汁一起输送给宝宝，所以母乳中的铁和铜的含量是极少的，大约100克母乳中才含铁0.1毫克。幸好宝宝在子宫里的时候，肝脏就已经储备了一定数量的铁，足够他在出生后的六个月里使用。

对我们自身而言，需要摄入一些含铁和铜比较丰富的食物，这样是为了防止出现产后贫血。建议每天摄入15毫克铁；而铜能够影响铁的吸收和利用，所以含铜的食物不可少。

钙

产后哺乳期，我们体内所需要的矿物质和妊娠期相似，以钙和磷为主。哺乳的时候，我们每天通过乳汁损失的钙达300毫克左右，如果体内没有丰富的钙来供给，就会动用到骨骼中贮存的钙。相信谁也不愿意在月子期过后，就犯腰酸腿疼的毛病吧，所以产后补钙也很重要。

锌和碘

锌和碘是妈妈体内不可缺少的营养素,尤其是在产后一个月,身体对锌的需求量是非常大的。

水分

乳汁本身就是富含水分的,但在生产后的几天内,由于生理原因,我们的乳汁分泌较少,所以更需要多吃一些溶质的食物来补充乳汁中的水分。

通过以上介绍我们可以知道,月子期间的饮食不但要营养丰富,而且要以流食为主,这样是为了便于身体的吸收,同时也为了补充乳汁的水分。

俺婆婆是熬粥的好手,并且把这手艺传给了她最亲爱的儿子,也就是我最亲爱的老公!

在这里先为大家推荐一些月子期间的粥类吧!

虾米粥

原料:虾米30克,粳米100克。

做法:粳米淘洗之后加水煮粥,煮到半熟的时候放入准备好的虾米,熬至汤黏稠即可食用。

营养小提示:这道粥营养丰富,虾米中富含蛋白质和钙,还有身体所需的脂肪以及很多微量元素;粳米可以防止我们因营养过剩和运动较少产生便秘,尤其是那些产后乳汁分泌不足的妈妈们可要经常食用哦!

花生粥

原料:花生米30克,王不留行(麦蓝菜)12克,粳米50克,通草8克,红糖适量。

做法:通草和王不留行加水煎煮,大概二十分钟之后取出,去渣留汁备用;然后把药汁、洗净的花生米和粳米一同放入锅中熬粥,直

到粳米煮烂之后，放入红糖调味即可食用。

营养小提示：王不留行具有活血通经，消肿止痛和催生下乳的功效；通草能泄肺、利小便和通乳，两者合用治疗乳汁不足之症的效果甚佳。

绿豆粥

原料：绿豆30克，粳米100克。

做法：可将绿豆提前浸泡两个小时，然后把洗净的粳米连同泡好的绿豆一起放入锅中，加水熬煮，直到米烂汤黏稠即可食用。

营养小提示：此粥食材简单，却富含了各种微量元素和维生素哦，而且绿豆具有解毒消痛、利尿除湿、养血生津等功效，对于月子期的保养是很有好处的。

松子仁粥

原料：松子仁30克，粳米100克，精盐少许。

做法：将松子仁剥到只剩下白仁儿，洗净后研烂至膏状备用；锅里加适量的水，放入研磨好的松子膏和粳米，大火将水烧开后调小火，煮至米烂汁稠即可。

营养小提示：润肠增液、滑肠通便，适用于产后便秘。

山楂小米粥

原料：山楂20个，小米100克，红糖30克。

做法：挑选不是很酸的山楂，先稍微炒一下，然后与小米一起放到锅里，加适量水，大火将水烧开后换小火煮，直到粥黏稠即可，加入红糖调味。

营养小提示：活血祛瘀，有助于妈妈们清除身体里的淤血。

漂亮妈咪的月子宜忌

中医学上认为产妇是十脉九亏的，所以坐月子也是一生中改善体质的最佳时机。科学坐月子，能为我们重新建立一个良好的身体基础。

那么该如何改善我们的体质呢？

首先，饮食的调节是关键。

❤ **重质而不是重量。**

盲目地吃下去很多东西，营养过剩只会让我们本来已经堆积的脂肪更加肆无忌惮地生长，对于体质有害无益。高蛋白的食物一定要搭配上高纤维的食物，每餐都要有，但数量不要多。可以通过少食多餐的方法来提高吸收的效果。

❤ **营养要均衡，荤素要合理搭配。**

想要奶水多多并不是多吃肉就能解决的，凡事过犹不及。摄入太多脂肪产出的奶水会比较黏稠，反而不容易被宝宝吸收。其实我们的食谱除了高蛋白之外，新鲜的果蔬和粗粮都是不可少的。我们可以遵循粗粮：细粮=1：1的比率来搭配饮食。

❤ **补充水分的重要性。**

有的老人会要求产妇在产后不要喝水，而是用米酒来代替，这种观念是错

误的。米酒暖身,也有生化汤的功效,但是我们的身体不能缺乏水分,而且米酒非常不利于子宫的收缩,所以就算要喝米酒,也不能只喝米酒不喝水,而且米酒在产后一周内不能喝。如果将其加入食物中参与烹饪倒是没有多大影响。

❤ **吃松软的食物。**

大部分姐妹的牙齿在产后都会出现松动的现象,这个时候吃太硬的食物对牙齿不好,也不利于消化吸收,所以烹饪食物的时候要尽量做得松软些。

❤ **按时进餐。**

要有规律地少食多餐,形成每天定点进食的习惯,不然就会影响到我们的奶水质量。

其次,日常生活中的注意事项。

❤ **不能吹风。**

就算是夏天坐月子,也不能待在空调房里,因为产后气血虚弱,筋骨松弛,风寒湿邪非常容易入侵体内,关节受凉可能会落下终身的疾病。保持室内空气流通,穿轻便的衣服就可以了,关节处和头部的保暖一定要做好。

❤ **洗头可以,但不要着凉。**

月子期间不能洗头其实也是误区,前面有介绍,长时间不洗头对头皮健康是很不利的,可以洗头,只要注意在清洗完之后及时用吹风机吹干就可以了。

❤ **保护眼睛,不要用眼过度,同时避免流眼泪。**

很多姐妹产后都有或多或少的抑郁,经常会莫名地想掉眼泪,此时眼睛也是最脆弱的,哭太多可能会对我们的视力造成永久性的伤害。不要长时间保持一个姿势去阅读,而且阅读的时候一定要保证光线充足,充分爱护自己的眼睛。

❤ **刷牙的时候要用温水。**

凉水过于刺激,会伤害到敏感的牙齿,引起牙痛等问题。

❤ **喂奶姿势。**

喂奶时可以采取侧躺的姿势,总之自己怎么不累就怎么来喂,否则很容易引起腰肌劳损。

就像我们需要提前准备入院生孩子的"大礼包"一样，坐月子前也需要为自己准备一些必要的东西，我们一定要把月子圆圆满满坐好了，这也是成为一个辣妈的关键。

下面就把我的月子清单拿出来与姐妹们分享吧！

❤ 专业的月子调理中药

可以去中药店请医生根据个人体质进行调配，当然现在也有一些月子调补配方在出售，针对产后新妈妈各个阶段的身体状况进行调理，只是价钱有些贵罢了。看个人的选择问题，不过对于以后的健康来说，花些钱也是值得的。

❤ 米酒

婆婆除了给我准备了生化汤之外，还准备了米酒。当然她不是让我直接饮用，而是把米酒添加到了烹饪过程当中，做出来的东西很香，而且加入食物中的米酒就不再会对子宫收缩产生影响了。

❤ 胡麻油

从隋朝开始，便有了产妇吃胡麻油的传统。胡麻油的功效是补五脏、益气力、填髓脑、明耳目等

等。对于产妇来说，它能够促进新陈代谢、温暖子宫、促进生殖系统的康复。胡麻油在拌凉菜的时候可调味，也可以拌在饺子馅儿里面，熬汤的时候也可以适量添加一些。

❤ 束腹带

束腹带有利于小腹恢复平坦。剖宫产的姐妹使用则能够帮助子宫的康复，保护大家免受意外伤害。

❤ 牙刷

产后牙齿是敏感且脆弱的，所以要用特制的牙刷，现在母婴商店就有月子牙刷出售。

❤ 回奶汤

如果不准备母乳喂养，喝一些回奶汤是很有必要的，能够有效预防乳腺增生。

想让恶露退散,生化汤是好东西

说起生化汤,很多姐妹甚至都没有听过这个东西,但是老一辈的人就会用它来帮助产妇排尽恶露。而且现代药理学的研究证明,生化汤主要是针对产后小腹冷痛、恶露不能排出等症状很有效果,能够增强子宫平滑肌的收缩,具有抗血栓和镇痛的作用。

其实,生化汤就是几味中药混合在一起煎汁出来的汤药,主要成分是当归、川芎、桃心、烤老姜、炙甘草等。当归的作用就是养血补血,而川芎则有行血活血之效,桃心能够破血化淤,可以说整个生化汤的方子都旨在活血、补血、养血以及清除体内恶露。

既然是中药,那么味道肯定不佳,很多姐妹非常讨厌这个东西。生化汤究竟有没有喝的必要?这个问题见仁见智,不过我当时倒是在婆婆的监督下捏着鼻子喝了一些,效果很明显。

在胎儿娩出之后,胎盘组织也会随着最后的宫缩排出体外,这个时候,子宫就需要靠肌肉的收缩来压迫血管达到止血的作用,如果肌肉收缩得不好,这些破裂的血管就会持续开放状态而出血不止,如果形成一些血块堆积在子宫当中,那么子宫的肌肉层收缩效果就更不好,造成无法

止血的恶性循环。

因此，维持子宫肌肉层的良好收缩功能是必要的。止血之后，子宫内膜层可以再生重建，为下一次怀孕做准备（当然我们不一定再生一个宝宝，但也不能忽略器官的恢复）。子宫内膜重建的过程在产后的二至三天内就开始进行了，除了胎盘所附着的伤口部位之外，其他部分的重建会在产后的七至十天内完成。

胎盘附着的地方，恢复的速度相对慢一些，因为这部分残留的血栓块需要先剥落下来，子宫内膜才能生长得完整。一般女性所需要的时间是两周左右，而有的可能会延长到六周。

生化汤真正发挥效用，就是在这段时间内，促进体内血栓的剥落，让子宫内膜能够更好地恢复，所以如果要服用生化汤的话，应该从产后第三天开始，坚持十天左右。

服用生化汤的时候要注意，服用的时间不可过长，最好不要超过两个星期，喝生化汤开始的时间也不要超过产后两周，否则，不仅无法正常发挥作用，反而会影响到子宫内膜的稳定性，造成新的出血。

有的人不需要服用生化汤。比如那些恶露已行，流出正常且没有小腹疼痛感的姐妹，身体既然已经自我恢复了，就不需要药物辅助了。

在医院生产之后，医生都会给我们开一些子宫收缩剂，用来帮助子宫收缩和子宫内膜的重建，所以建议姐妹们出院后再服用生化汤，如果是剖腹产的姐妹，要记住在使用子宫收缩剂的时候，不要同时服用生化汤。

最后提醒姐妹们一句，生化汤空腹喝的效果会更好哦。虽然苦苦的，但毕竟苦口良药，要知道，恶露早一日排尽，我们的身体才能早一日恢复呀！

千万别多吃红糖!

在传统观念里,女性生产完之后有两样东西是非常补的,就是红糖和鸡蛋。甚至到了现在,老一辈的人还是认为,红糖是补血的上品,所以在产后失血的情况下,要多吃红糖。

不过随着饮食结构的变化,这种观念应该改变一下了。红糖里的确含有一定量的铁元素,但是并不多,也无法满足我们的身体所需,如果吃太多的话,不但不会被吸收,还会有反作用。

我有个姐妹淘就遇到了因为红糖引起的麻烦。生产之后,她婆婆和妈妈的意见空前一致,就是要吃红糖和鸡蛋,于是整个月子期间,她无可逃避地每天喝红糖水,还要吃下很多糖鸡蛋,吃得犯恶心也不行,还得坚持食用。可是出了月子之后,她却没有像想象中那么面色红润,本该消失的恶露反倒增多了,而且怎么休息都觉得疲乏至极,没有力气。

没办法,只得上医院检查,结果医生告诉她,她贫血很厉害。询

问月子期间的饮食习惯之后，医生说，她的贫血很可能是食用红糖过量引起的。这件事情让我的这位姐妹非常纳闷，红糖明明是用来补血的，何至于吃到贫血？

在讨论贫血成因之前，我们先来看一下红糖究竟为什么被老一辈人当做大补之食吧。

红糖是从甘蔗或者甜菜当中提取出来的粗制糖，呈暗红色，主要是因为它含有棕色物质"糖蜜"；另外，红糖中还含有叶绿素、叶黄素、胡萝卜素以及铁元素。如果将红糖熬化就会发现它含有很多杂质，但这并不影响红糖本身对营养成分的保留，与白糖相比，红糖的营养价值要高得多。比如每五百克红糖的含钙量就是白糖的三倍，含铁量则为白糖的两倍，还有那些微量元素比如锰、锌等的含量也比白糖要高。

红糖性温味甘甜，有补血化淤、益气缓中、健脾暖胃等功效，还能散寒止痛。产后新妈妈喝点红糖水，有利于子宫的收缩和复原，还能够促使恶露尽快排尽。

但是，这并不代表我们可以无节制地去吃红糖，如果在月子期间食用红糖过量，会促使子宫蠕动，使其收缩性增强，非常不利于伤口的修复。况且现在我们基本都是只生一胎，孕前和孕期的准备工作做得比较到位，产后子宫收缩的情况也普遍较好，恶露排出的时间和量都很正常，过量食用红糖反而会引起血性恶露增多，造成失血，从而引起贫血。这也就是我那位姐妹淘在月子调理期过后反而贫血的原因了。

所以，食用红糖补归补，但千万不要过量，每天最好不要超过二十克，而且在产后十天内服用就可以了，没有必要在整个月子期都食用。

谈到服用红糖，大部分人都冲着它的补铁功效去的。其实在月子期间，补血或补铁不要局限于某一种食物，饮食多样化才能更好地促进身体恢复健康。同样富含铁的食物还有红枣、南瓜、木耳和葡萄等等，所以完全不必只吃红糖。

如果姐妹们喜好甜味口感的话，可以在煮粥的时候加入一些红糖调味，也比喝大量的红糖水来得更科学。

让我又爱又恨的催奶汤

在宝宝出生的第二或第三天，我们的乳房就开始分泌乳汁了，如果此时宝宝还没有将乳房吸通的话，酸胀的感觉是非常难受的。

不过我们家这个"混世小魔王"似乎没有遇到这方面的困难，第二天就像模像样地趴在我的乳房上开始了他的人生。可以说，吃妈妈的奶就是他降生到这个世界上需要学会的第一项技能，而且没有老师会教给他的，完全要靠自己学习和领悟。这样看来，这小家伙也没花多长时间就领悟到要点，很快就将乳房吸通了，看着他闭着眼睛，嘴巴一动一动地满意十足地吸着奶水，还真是让我激动不已，杰作！这就是俺两口子（主要是我）的杰作啊！！

宝宝喝到的第一口奶也叫做初乳，很多人会因为初乳颜色偏黄而且太浓郁觉得营养不足，不适合给宝宝吃。其实，初乳的营养价值是很高的，它进入宝宝体内之后，会让宝宝的身体产生免疫球蛋白A，保护宝宝不受到细菌的侵害。

不过初乳的量很少，最多够宝宝吃上两天，然后乳腺就开始真正分泌乳汁了。于是乎，我就开始没完没了地喝那让我又爱又恨的催乳汤。

之所以催乳汤让我又爱又恨，是因为除了太过营养之外，更重要的是，这些催乳汤基本上是不放盐的，就算放也只放一点点。所以任凭食材多么能吊起人的食欲，最后的口味还是让人皱眉头。但鉴于妈妈那么辛苦地照顾我，还是要将她的手艺推广一下，并不是她手艺不好，而是催乳汤本来就该淡味哦。

营养催乳汤

黄豆猪蹄汤

原料： 猪蹄1只，黄豆、青菜、油、葱、姜、料酒、食盐、鸡精少许。

做法：

①先将猪蹄洗干净剁成块，放到大碗里面，加点料酒去腥味。

②小香葱洗净打结备好，姜块用刀拍扁。

③锅里放油烧热之后，把准备好的猪蹄、葱和姜都放入锅中翻炒几下，然后加水加黄豆炖汤。

④大火炖至汤沸腾之后转成小火，炖上一个小时左右，看到猪蹄骨肉分离之后，放入青菜、鸡精以及少量盐调味即可起锅。

营养小提示： 猪蹄能滋阴益气血、通血脉，它含有大量的胶原蛋白，对我们的皮肤也有很大好处；黄豆则含有人体必需的氨基酸以及丰富的脂肪油、钙、铁和维生素等。这款汤还能祛皱抗衰老哦！

莲藕红枣章鱼猪骨汤

原料： 莲藕500克，章鱼干1个，红枣5~8颗，猪骨500克，绿豆50克，食盐适量。

做法：

①红枣去核洗净，用清水浸泡一会儿，绿豆也同样用清水浸泡。

②将章鱼干洗净，并用温开水泡开。

③莲藕洗净切成块状备用。

④猪尾骨洗干净，然后把准备好的食材全部放到砂锅中，加水煮沸后换成文火，炖两个小时左右。

⑤加入少量食盐调味。

营养小提示： 莲藕能够健脾开胃、益血生肌；红枣可补脾和胃、益气生津；猪骨能补脾气，润肠胃，对皮肤也有润泽作用；章鱼能令汤的味道鲜美；绿豆则能祛燥热。全部食材加在一起相得益彰，能有效治疗产妇缺乳症。

木瓜鱼尾汤

原料： 鲤鱼尾巴600克，木瓜1个，油、盐和生姜各少量。

做法：

①将木瓜去皮去核之后切成小块。

②锅中放油，烧热后加入姜片，然后放入鲤鱼尾巴煎香后加入两碗水，煮上片刻。

③同时在煲内放入木瓜，加水后用大火炖，水开之后将锅中的鲤鱼尾巴及汤水全部倒入煲内，炖一小时之后，放入少量食盐调味即可。

营养小提示： 鲤鱼尾巴能够补脾益气，加上木瓜一起煲汤，能够通乳健胃。

丝瓜仁鲢鱼汤

原料： 鲢鱼1条，丝瓜仁50克。

做法：

①鲢鱼洗净去鳞、去内脏，然后切成块状。

②连同丝瓜仁一起放入锅中炖汤。

③起锅后趁热喝汤吃鱼，可以放少许酱油调味，但不要放盐。

营养小提示： 这款汤可以每天一次，连喝三天。因为丝瓜仁具有催乳作用，而鲢鱼则补虚、理气，非常适合因为血虚而少奶的姐妹。

第五章 分娩后42天内的恢复调理计划

通草鲫鱼汤

原料： 鲫鱼1条，通草6克，食盐少量。

做法：

①将鱼洗净去鳞、去内脏。

②和通草一起熬煮成汤。

③加少量的食盐调味。

营养小提示： 喝汤的同时还要吃鱼肉哦。通草可以通气下乳；鲫鱼也有利水、通乳的功效，能够提高催乳效果，对姐妹们的身体复原很有好处。

可怜的乳头，你怎么了？

乳头本来就是我们身上最敏感的部位之一，在喂养宝宝的过程中，这个敏感部位也最容易受到伤害。尤其是新妈妈，在宝宝吃奶后的几个星期就会发现，乳头出现了让人不堪忍受的破裂，可是宝宝肚子饿要吃奶的时候，又舍不得不去喂养。

于是每次哺乳都成了一场疼痛不堪的历练，咬牙切齿疼得直掉眼泪，只能反复安慰自己说，这就是生养宝宝的代价。

伤口还未愈合，又重新破裂，狠下心用吸奶器将奶水吸到奶瓶里去喂宝宝，谁知小家伙不搭理，继续摸索着爬到身上来找乳头，又爱又恨呐……难道这样的疼痛无可避免？难道破了的乳头真的很难恢复？

哺乳期间乳头的破裂我们称之为"乳头皲裂"，常见于第一次生育的新妈妈。之所以会产生乳头皲裂，是因为新妈妈们的乳头皮肤都比较娇嫩，禁不住宝宝一再的吮吸，尤其是那些奶水不足或者乳头内陷的新妈妈，宝宝用力地吮吸乳头之后，乳头表面受到宝宝唾液的

浸渍而变软，继而糜烂，形成大小不等的裂口。

有的姐妹会直接用肥皂清洗伤口，然后再用酒精消毒，殊不知这样会使乳头变得更加干燥，裂痕更难复原。再加上宝宝吃奶的姿势不正确，没有完全地含住乳头和乳晕，吃完奶之后还未等宝宝松口就用力拉扯乳头，从而导致乳头皲裂更难愈合。

乳头皲裂之后，会流出一些黄色的液体，这些液体干了以后就会附着在乳头上并结痂。这个时候如果休养一段时间的话，结出的痂自动脱落，乳头就得到了一次完整的历练了。但是很多妈妈都因为宝宝的哭闹而不忍心，继续让宝宝吃奶，结果是旧伤未愈新伤又起，甚至被吸出了血水，这样的疼痛程度想来就会害怕。

大部分姐妹的乳头皲裂都会出现愈合后又复发的情形，为了减少甚至避免这样的痛苦，预防措施就显得尤其重要。

其实我们可以在怀孕期间就开始对乳头进行锻炼，让其变得坚韧，以便迎接宝宝的吮吸。平时可以用干燥柔软的小毛巾轻轻地擦拭乳头，以增加乳头表面肌肤的韧性，避免宝宝过度吮吸时发生破损。不过这个步骤不能在孕早期进行，因为对乳头的刺激会引起子宫收缩，在孕早期有流产的危险。

乳头下陷或者乳头扁平都会对哺乳产生很大的影响，我们应该积极地去纠正。每次擦洗乳头之后，可以用手指轻轻地把乳头向外提拉，同时捻转乳头；然后用酒精擦拭，这样能够使乳头的皮肤变得坚韧，不容易破裂，也能有效地改善乳头内陷。

如果已经到了哺乳期也没关系，养成良好的哺乳习惯也能有效防止乳头皲裂。每天要定时哺乳，且每次哺乳的时间不宜过长，十五分钟左右即可，并保持每四小时喂一次奶的间隔。

每次宝宝吃完奶之后，都要用温开水洗净乳头，然后用柔软的小毛巾擦干，保持整个乳房的干燥和清洁。

如果乳头已经不可避免地开裂了，当疼痛来袭，并且这个时候的哺乳已经成为了一件非常纠结的事情，那就不要害怕麻烦，积极对待。

那么，该怎么处理呢？

💗 每次哺乳之前，先用热毛巾给乳房做一个湿热敷，使得乳头变软，然后按摩乳房刺激排乳反射，挤出少量乳汁涂抹乳头和乳晕，然后再给宝宝喂奶。

💗 喂奶的时候尽量让宝宝先吃没有受伤的一侧乳房，如果两边乳房都有不同程度的皲裂，那就用皲裂较轻的一边先喂。喂奶的时候可以变换着姿势来，但要保证让宝宝含住整个乳头和大部分的乳晕，避免用力吮吸时对乳头造成伤害。

💗 喂完奶之后，可以用食指轻轻地按住宝宝的下颌，待他张开小嘴就借机将乳头抽出，切不可生拉硬扯。

💗 哺乳完之后，挤出一点乳汁涂抹乳头和乳晕，让乳汁中的蛋白质辅助乳头进行修复。

💗 如果皲裂情况比较严重的话，就不要让宝宝吮吸乳头了。用吸奶器吸出奶水来喂孩子，让乳头有一个康复的过程，同时咨询医生，并进行一些治疗。

"花园"一定要养好！

分娩带来的后续烦恼很多，除了每天要应对随时可能醒来要吃奶的宝宝，还有让人实在爱不起来又不得不喝的催乳汤之外，身体因为巨变之后留下的那些痕迹更是让人烦心。

比如，顺产之后产道的严重松弛。

幸好产道是身体里自愈能力最强的器官，只要我们在最适当的时机进行恢复和保养，产后阴道松弛的问题不会困扰我们太久。

自然分娩的女性，产道都会受到不同程度的损伤，这也是生产的代价，最常见到的损伤就是阴道以及会阴部撕裂。没有做过侧切的姐妹可能会说，阴道表面没有什么明显的裂口啊。其实大部分损伤都在内部，生完孩子之后，阴道内部的肌肉以及神经纤维都有不同程度的断裂，使得阴道口和外阴口的支持组织力量松弛。

产生这些松弛是正常的，阴道的扩张在两三个月的时间内就能够基本恢复，肌肉的拉伤则需要更长一点的时间，如果我们能在这段时间内做一些小的运动训练，就能够更早地让产道恢复紧实和弹性。

不要把心思完全放在宝宝身上而忘了自己的健康和美丽，每天下意识地做一下阴道紧缩的锻炼对于恢复健康是有利的。

个人经验证明，这套小动作不需要花费多大力气，但效果却很显著。

♥ **尿道锻炼。**每次小便的时候都可以进行。在小便过程中,有意识地忍住几秒钟,然后释放;再忍住几秒钟、再释放,这个过程能有效锻炼到我们的尿道括约肌,坚持下去,就能有效提高阴道周围肌肉的张力。

♥ **肛门锻炼。**在便意来临的时候,有意识地屏住大便,收缩肛门,进行提肛运动,这样做能够很好地锻炼到盆腔肌肉。没有便意的时候,也可以随时收缩一下肛门。

♥ **腿部锻炼。**平时走路的时候可以下意识地绷紧大腿内部以及会阴部的肌肉,直到感觉下半身有一点点酸胀。

♥ **阴道紧缩锻炼。**晚上睡觉前平躺在床上,全身放松,然后将一个或者两个手指放入阴道中,尽可能地夹紧阴道,维持五秒钟,然后放松;休息五秒钟,再夹紧,这样反复的锻炼能够增加肌肉的弹性。做这个运动的时候一定要记得把手洗干净哦!

"花园"除了要紧实有弹性之外,健康是最重要的。生产过后,胎盘剥离的地方会留下创面,子宫经过了十个月的辛苦,也有一定程度的损伤,可以说在这个时期,我们的整个生殖系统都是非常脆弱的,体内很容易入侵细菌,所以,保持阴部的清洁是养好"花园"的重要因素。

在生完宝宝之后,我每天都清洗阴部很多次,除了大小便后用温水冲洗外,还用棉签蘸着稀释过的肥皂水来擦洗外阴。因为宝宝虽然顺利出来了,还有很多脱落的细胞组织未能一次性排出体外,这些细胞组织会跟随着分泌物一起附着在阴道口,及时清理这些污垢是非常必要的。

用清水冲洗外阴部的时候要注意,按照从前往后的顺序,从尿道口到阴道口，再到肛门，不要把顺序弄反了，不然很容易将肛门部位的细菌带入阴道里，从而引起感染。

清洗完外阴之后，还要记住保持阴部干燥。很多姐妹会专门备有小毛巾用来擦干阴部，但如果小毛巾消毒不到位，或者常置于不通风的地方，就很容易滋生细菌，所以还是建议姐妹们直接使用卫生纸来擦干阴部好了。当然，在恶露不尽的时候，还需要垫上消毒护垫。

正常情况下，"后花园"是在一步步恢复健康的，如果出现红肿、灼热、疼痛的情况，姐妹们千万不要觉得这是正常的，一旦感觉不妥就要及时就医。

进行过侧切的姐妹们，在躺着休息的时候尽量卧向没有伤口的一侧，以防止阴道内流出的分泌物感染伤口。

适当运动，杜绝生冷

老一辈的人多认为，产后就是要无条件地休息，坐月子的时候能躺着就尽量不要起来活动，能睡着就尽量不要伤精费神地醒着。其实，月子期并不是完全不能活动，相反，适当的运动能够防止发生血栓等产后并发症，而且适量运动更能有效提高精气神。

如果是顺产的话，一般在产后的第二天就能够下床了，身体比较虚弱的姐妹，躺上两三天再活动也不迟。

产后的运动要讲究慢节奏，并依照身体的接受程度来进行，以不累不喘为前提。我坐月子的时候，婆婆和老妈都叮嘱过，千万不要出门吹风，再怎么不耐烦，也要在家里待足至少一个月，所以运动也只能在家里进行了。

做家务本身也是一项运动，但家务活还是有轻有重的，搬东西、需要长时间蹲着的活儿就尽量避免去干。如果宝宝使用传统尿布的话，月子期间也最好不要承担洗尿布的工作，以免长时间接触冷水，伤害到身体。

扫扫地，晾晒一下衣服的工作是可以做的，但晾衣服的时候一定要注意身体摆动的幅度，切忌突然转身或者迅速蹲下，以免撕裂伤口。

下床之后，我们可以用在家散步的方式来达到运动效果。可以站在门边，适当地抬腿、踢腿、活动一下手臂，抬腿的时候一定要注意

力度，不要拉伤会阴部。

月子期间的运动主要以轻缓为主，不是为了要马上减掉身上堆积的肉肉，只是为了调动机体的动能，所以，适量运动是可以的。姐妹们千万不要急迫，恨不得一夜之间恢复成原来的身材，要知道，心急吃不了热豆腐呀。

另外需要注意的是，运动的时候，室内一定要保持通风，多呼吸新鲜空气也能促进身体的各项循环速率。

月子期间最应该注意的一个问题就是要拒绝生冷。

这里所说的拒绝生冷包括两种，一种是不要碰太凉的水，在古代，会要求女性在月子期间不能洗头、不能洗澡。主要是因为我们在生完孩子之后，多为气血两虚型的体质，对于外界的温度和湿度变化的调节能力都非常弱，如果吹了凉风或者受了冷水的刺激，容易引发关节酸痛和头痛，而且这些伤害几乎是永久性的。

不过古代的条件自然不能和现在相比，如今洗头、洗澡都是可以的，不过还是需要注意，在刚生产完的一个星期之内，最好用擦洗的方式洗澡，连洗手也要用温水。一个星期后可以简单淋浴，但时间要保持在十分钟之内，洗完以后应该马上将身体擦干，避免受凉。

洗头也是同样，在洗完之后最好用吹风机吹干头发，要保持头皮的干燥，以免留下头痛的毛病。

另一种是不要吃性味寒凉的东西。比如冰镇的各种饮料、雪糕；梨、柚子、西瓜等水果；苦瓜、丝瓜、冬瓜、白萝卜、茄子等蔬菜，这些都是凉性的东西，对新妈妈的脾胃是非常不利的。

产后抑郁很正常,别怕别怕

本来生完宝宝就应该是新生活的开始了,所以一直自信地觉得,看到宝宝之后,我的内心会变得无比强大,而照顾宝宝的技能也会自然上手,但一切都只趋于想象。还没出院回家呢,我已经发现自己的情绪不对劲了。

当老公抱着宝宝欢天喜地地出现在我面前时,内心油然而生的不是幸福感,而是一种不解和绝望,说不出为什么我就开始掉眼泪,吓坏了抱着孩子的老公和旁边的妈妈。这还只是前奏,回到家之后,莫名其妙的伤心总是一阵阵袭上心头,我觉得自己变得很脆弱,情绪不稳定,容易发火。

宝宝的任务就是吃完了睡、睡醒了吃,有时候半夜会突然醒过来,然后开始哭闹。这样折腾几天下来,我觉得自己几近崩溃,虽然一再说服自己要镇定镇定,但还是将气撒在了老公身上。

后来才知道这种症状的学名叫做"产后抑郁症"。产后抑郁症和一般的抑郁症没有什么区别,只是发生的时间比较特殊罢了,可是听到这个名词的时候,我还是吓了一跳,生怕自己哪天就发展到完全无法控制情绪的地步了。

其

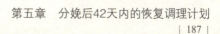

实我并不是特例，几乎有超过百分之七十的女性在产后都会有不同程度的抑郁。

之所以会在这个时间段产生抑郁，原因主要有以下几点。

第一，身体的变化。

在宝宝出世后的几个小时之内，我们身体里面的激素会产生巨大的变化，雌激素和孕酮的水平急剧下降，甲状腺分泌的抗抑郁的快乐激素水平也明显降低，这些都会使我们产生抑郁的情绪。

另外，产后身体极度疲惫，有的姐妹本身身体素质就不好，可能需要很多天才能恢复过来，这时又刚好是亲朋好友频频登门造访、宝宝又日夜哭闹要吃奶的时候，睡眠不充足更会引发抑郁。

第二，角色的转换。

暂时无法适应角色的变换，从二人世界变成三口之家，以后要承担更多的责任，凡事都要先考虑孩子才能做决定，就算想去哪里玩，也不能像之前那样，轻轻松松就收拾行囊。更严重的是，苗条身材已不在，性感一词不再搭边，根本不知道什么时候能恢复，也没有足够的信心，因而产生了自我质疑的抑郁。

第三，生活方式的改变。

如何哺乳以及给宝宝换衣服、洗澡都是我们需要学习的。很多姐妹会迫切地希望自己做好，又一时无法做好，在这种情况下，很容易产生抑郁情绪。如果老公脾气也急躁，或者体谅不够的话，更会加重这种抑郁。

姐妹们不要因此感到害怕，要知道越多的恐惧和焦虑就越容易引发抑郁。

产后抑郁完全可以通过科学的方法来赶走。

方法一：照顾好自己。

产后最好多休息。不想说话就不要说，不想见人就不要挤出笑脸去见，多睡觉、少胡思乱想就是赶走抑郁的最好办法。

另外，多吃蔬菜水果和谷物，在身体允许的条件下适度地起身锻炼，稍微出点汗也能让自己振奋起来，千万不要因为花了些心思在自己身上而感到内疚。

方法二：积极寻求帮助。

产后最能给自己带来心灵安慰的人就是老公了，但男人有时候是很笨的，我们的小心思如果不告诉他，他基本猜不中。所以如果有心事，一定要对老公坦白说出来，可以要求他多承担一些家务，或在宝宝晚上哭的时候起床动作快一点儿。只有多沟通，我们才不会感到孤独。

当然也可以和好朋友多聊天，谈谈自己的感受，和有孩子的姐妹多交流，你会发现，其实很多人都经历过这样的时期。

方法三：给自己留点时间。

是不是照镜子的时候发现臃肿的自己不那么讨人喜欢？没关系，那些收起近一年的化妆品都可以陆续派上用场了，不如稍微涂抹一下，装点心情。

可以让妈妈或者婆婆带着孩子离开几个小时，单独和老公相处，找回二人世界的感觉。也可以放松地洗个澡、听听音乐，原来还是那个最美的自己。

方法四：调整期望值。

就算不知道怎么帮宝宝洗澡也没关系，多洗几次就学会了。也不要苛求自己一定要把一切都处理得井井有条，尽力而为就好，要知道没有人会责怪你什么，而且大家都会尊重你的付出和努力。

方法五：简化生活，避免大的改变。

从备孕到分娩后的这一年之间，尽量不要让生活有太大的变动，因为重大的改变会增添不必要的心理压力，更容易使生活乱如麻。

每个姐妹都有责任让自己开心快乐，而且每个宝贝都有权利拥有一个健康美丽的妈妈，所以赶走产后抑郁的关键在于我们的态度是否积极。

警惕！美人杀手——分娩后遗症

越来越多的新妈妈本身就是独生子女，在家长的千娇万宠下长大，对于如何承担起母亲的责任养育后代几乎是懵懂的，而且随着都市生活压力的增加，空气污染的加剧等各种原因，使得分娩后遗症发生得越来越频繁。

分娩后遗症本来不是什么大病，但很多时候却会由于处理不当而抱憾终身。

从心理方面来讲，主要就是产后抑郁的问题，上面一小节已经介绍过了。如果产后的情绪得不到合理的调节和释放，就很可能引发严重的抑郁症，甚至会导致新妈妈和孩子无法和平相处。

除此之外，生理方面也有很多问题需要我们提高警惕。

民间素来有坐月子的说法，很多姐妹只单纯地知道必须要坐月子，但是却不知道月子中很多禁忌的科学道理，大多是长辈怎么要求就怎么照做，总之，熬过这个月就可以了。

要知道，产后一个月内最容易出现问题，如果有一些细节不注意，很可能疾病缠身。分娩后遗症可大可小，还是小心为妙。

产后的第一天很关键，一定要过好。

据统计，目前在我国，导致孕妇产后死亡的第一原因就是产后大出血。羊水过多、胎儿过大、胎盘前置以及产程过长都会导致产后出血。一般情况下，产后出血量超过五百毫升就可以诊断为产后出血，产后出血会严重危及产妇的生命安全。因此，在产后的两个小时之内，一定要进行详细的观测，注意伤口以及出血量；两个小时之后，如果没有意外情况，才可以确定基本安全，这时新妈妈们需要做的事情就是呼呼大睡了。

还有一种可能出现的分娩后遗症就是腰腿疼痛，这和我们坐月子的习惯有关，也可能与我们所睡的床有关。很多老一辈的人会要求产妇在坐月子的时候尽量卧床，不过，究竟要卧什么样的床呢？席梦思之类的弹簧床只会让我们的脊椎变形更快，应该选择相对硬一些的床。

经过十月怀胎，我们的腰背部的确承受了非常大的压力，孩子呱呱坠地之后，疲劳至极的腰背肌肉需要得到充分的休息，但恢复肌肉能力不能光靠躺在床上，只有在适当的时间进行有效的锻炼，才能循序渐进地恢复其弹性。

还有很多姐妹，在生产之后小腹迟迟无法恢复平坦，就算通过锻炼也不行，这也属于分娩后遗症之一，很可能与月子期间的饮食习惯有关，过重的盐分或者酸性的食物都会使身体内的水分聚集，无法及时排出体外，导致小腹凸起。

另外，如果月子期间摄入太多的盐分，而水分补充不足，排尿不及时，很有可能引发尿道炎甚至并发阴道炎症。

乳腺炎也是分娩后遗症中常见的病症。如果进行母乳喂养，宝宝每天吸食乳汁，我们再通过自身营养的吸收分泌新的乳汁，那么整个乳房会保持畅通，对疾病就有了免疫能力。但是很多姐妹会因为错误的引导，觉得要奶水多，就要多喝汤，于是每天大量地喝汤，结果得了乳腺炎。殊不知正是汤水惹的祸，因为如果乳汁分泌过剩，宝宝吃不完，剩余的乳汁又没有及时清理出来的话，就容易堵塞乳腺，引发乳腺炎。

今天爸爸买回来好多故事书,宝宝,你想听哪一个?

辣妈的温馨提示
- 瘦身运动要轻缓
- 为皮肤补充更多能量
- 注意身体的恢复和保暖

第六章
产后2~3月塑身总动员

出月子就没顾忌了？

坐月子对于女人来说是一生中改善体质的最好时机，同时也是最容易为身体健康埋下隐患的时期，所以大家都很重视坐月子。

特别是那些有妈妈或者婆婆来守着坐月子的姐妹，禁忌的东西更是一大堆，这也不行、那也不行，好像除了吃饭和睡觉就没别的事情可做，太难熬了！所以姐妹们在出月子时肯定都会想：老天，我终于解脱了！

出月子就真的解脱了吗？其实不然。

现在都提倡母乳喂养，母亲的饮食直接关系着宝宝的健康，而且出月子后，身体还处于恢复期。

所以即使出月子了，也仍然有很多方面需要姐妹们多加注意。

饮食方面：营养在优不在多。

为了让我们尽快养好身体，并保证有充足的奶水喂养宝宝，大多数家庭都很重视补充营养，往往会用大补特补的食谱来为我们准备一日三餐。两天一只鸡，一天十个鸡蛋，这样的食谱简直要令人抓狂。要知道，我们每天所需要的能量其实是有限的，月子里的汤汤水水几乎都是高热量、高脂肪的，进补过度，反而会影响乳汁的分泌和宝宝的吸收。对爱美的姐妹们来说，进补过量还会直接影响以后的体型，长胖容易减肥难啊!

有些爱美的姐妹会在月子之后马上节食减肥,饿到头晕眼花也不肯好好吃饭,非要狠下心肠在最短的时间内减掉赘肉不可。其实,这对身体的恢复非常不利。

要知道,怀孕期间,身体激素分泌过量,自然会造成一些脂肪堆积,等到分娩之后,身体内分泌系统会自然调节,从而恢复正常,这也是需要一定时间来调整的。而且,就算出了月子也是在哺乳期内,乳汁的分泌会消耗母亲体内大量的能量,如果不及时补充,很有可能引起乳汁分泌不足或乳汁营养成分缺失,从而影响宝宝的健康。

因此,出了月子也需要注意膳食均衡、营养全面。滋补汤水不能少,但切记要喝清汤,喝汤之前先撇去浮油才是最好的。蔬菜水果适量、饮食以清淡为主、寒凉咸辣等重口味食物最好不吃,再馋也得忍住,宝宝娇嫩的消化系统可经不起折腾。

生活方面:传统与科学并存。

中国人坐月子讲究多,产妇不能洗澡、不能洗头、不能出门等等。这其中固然有一定的道理,但有一些却不符合卫生与健康习惯。生产之后,产妇的身体抵抗力会大幅下降,以前医疗卫生条件差,就只好限制产妇活动,以保证她们的健康。现在就不一样了,只要注意保暖,洗澡、洗头、出门都是没问题的。做好个人卫生,也是宝宝健康的保证。出了月子之后,同样要注意保暖,远离人多及嘈杂喧闹的地方,以减少接触病菌的可能性。

生产给我们的身体造成了损伤,因此卧床休息是应该的,但是适度的运动对身体的恢复更有帮助。月子之后,我们可以做一些恢复性的运动,以促进身体器官的恢复。但所有高强度、快节奏的运

动,都应该避免,因为剧烈运动可能对身体造成二次损伤。

爱美的姐妹们还要注意,出了月子也最好不要每天化妆,更不要马上冲进美容院、美发店,亲自喂养宝宝的姐妹们就更不用说了。

一切为了宝宝,妈妈每天接触到的东西都有可能传染给宝宝,化妆品里面的化学物质对成人无害,并不代表对新生儿没有危险,这些物质很有可能通过乳汁进入到新生儿体内,化了妆、做了头发的妈妈也很有可能在与宝宝的亲亲抱抱中使他们受到化学物质的危害。

别怕大肚腩，我有收腹秘方

虽然生了宝宝后，肚子会迅速地缩回来，但是这个收缩的程度其实并不是那么理想，我们基本不可能在短时期内恢复到生产前的体型。事实上，很多妈咪在产后最初的日子里，肚子看起来还是和妊娠四个月时候的一样，这是因为被胀大的子宫没有完全恢复，一般的妈咪大概要经过三至十八个月的时间才会完全恢复。胎儿在子宫里生长的时候，除了会将子宫胀大之外，还会将我们的腹壁肌肉过度拉长和伸展，损害肌肉的弹性。所以，就算肚子小了，腹部肌肉也松弛得非常严重，如果不进行有效的锻炼，腹壁肌肉很难复原。

下面就为姐妹们介绍一套收腹操，非常适合在产后的二至三个月时进行。

Step1 仰卧在床上，膝关节弯曲起来；脚掌平放在床上，双手搭在腹部，进行深呼吸运动，腹部有规律地一放一收。

锻炼效果： 不但能锻炼我们腹部松弛的肌肉，还能增加我们的肺活量，促进血液循环。

Step2 仰卧在床上，双手交叉抱在脑后；稍微抬起上身，两腿伸直，上下交替运动，双腿在摆动过程中尽量保持悬空，不要着地。

动作要领：幅度和速度都可以循序渐进地增大和提高，感到腹部略微酸痛就可以了，不要太急迫地去做这个动作。

Step3 仰卧在床上，两手拉住床两边的床杆；两腿伸直、脚尖绷直，然后双腿一起往上翘，尽量翘到与身体垂直；保持一下这个姿势，然后慢慢将双腿放下来，再翘起、再放下。

动作要领：速度不要太快，直到腹部发酸为止。

Step4 俯卧，两臂与肩同宽撑住身体；膝关节弯曲起来，双脚掌蹬住床，臀部尽量向上抬；抬到极限之后停住四秒再放下，休息五秒再抬起。

Step5 平躺在床上，双手放在身体两侧，抬起双腿做蹬自行车的动作，直到双腿发酸为止。

Step6 斜体俯卧撑。先立在床边，双手扶住床沿；双腿后撤，使得身体呈一条直线，两手臂弯曲，身体下沉，保持几秒之后双臂伸直；身体向上抬起，反复进行十次左右。

Step7 一条腿支撑身体站立，另一条腿稍微收起并离地；单腿连续向上蹦跳，每次二十下左右，两条腿交替进行，直到双腿发酸为止。

动作要领：此动作要量力而行，身体恢复不理想的姐妹应该推迟做这个动作的时间。

第六章　产后2~3月塑身总动员

总之，健身操不但需要注意节奏，还需要坚持，做的时候动作要到位，能感受到肌肉的伸展和收缩。尤其是在产后最初的时期，我们的身体器官尚未恢复，做操切忌过于劳累。

按摩！按摩！全身肉肉收回去！

十月怀胎是对女性身体与心理的双重考验。一朝分娩之后，姐妹们就会发现，即使减掉了大肚子，也无法将自己装进怀孕之前的衣服里，手臂、腰部、臀部、腿部堆积的脂肪让我们看起来至少胖了一圈。平时最实用的运动减肥和节食减肥显然不适用了，那么该怎样将多余的脂肪消灭掉呢？

我们的身体内部存在着多个循环系统，它们把身体所需的养分带到各处，又把体内毒素推出体外。当各循环系统正常运转的时候，能保持健美的体型和健康的身体。

在怀孕期间，为了保证宝宝的生长，我们的体内囤积了大量的脂肪。分娩之后，多余的脂肪就会滞留下来。此时，通过按摩，能够加快身体内部的循环，帮助加速脂肪的燃烧，从而达到恢复健美的目的。

千万别小看这些"小动作"哦，试一试，你就能发现它的"大作用"。

下面就和姐妹们分享一些按摩秘诀。

臂部按摩：手大臂是最容易堆积脂肪的部位之一，而且每天抱着宝宝，手臂也是最受累的部位。手臂按摩不仅有助于我们保持手臂线条的美丽，还能缓解酸痛不适。

跟我做：

手臂自然上举，由手腕至腋下，顺着淋巴方向，依次轻轻按压手臂外侧、手臂内侧，最后用虎口从手肘刮压至腋下。双臂交替按摩，反复数次，直到感觉手臂微微发热为止。注意动作要轻柔缓慢。

胸部按摩：虽然哺乳期是胸部二次发育的机会，但稍有不慎就可能导致胸部变形下垂。挺拔的胸部是女性自信的来源，当然需要我们好好呵护啦！

跟我做：

拇指张开、四指并拢、斜向下伸入腋下，由下而上按压胸侧淋巴部位，双手交替按摩三十次。

手心内凹、双手托起胸部，由外而内、由下往上运动，按摩三十次。此按摩最好在哺乳之后进行。

腹部按摩：被撑大的腹部是最需要借助外力的帮助来恢复的部位。腹部按摩对收紧腹部肌肉、减少腹部脂肪大有帮助。

跟我做：

平躺在床上，双手相对，搓热手心后按在肚脐处，双手顺时针按摩腹部三十次，再逆时针按摩三十次，交替进行，直到感觉腹部发热为止。

手指张开呈爪状，沿腹股沟方向，从下往上推动腹部，同时配合深呼吸。不过，腹部按摩不适用于刚生产的姐妹们，一定要养好伤口，才能做腹部推挤式按摩。

臀部按摩：臀部积累的脂肪往往容易被忽略，臀部线条的变化也最不容易被我们察觉到，然而，下垂的臀部甚至比下垂的胸部更破坏身体的美丽。

跟我做：

俯卧在床上，双手握拳，敲击臀部肌肉，再由下腿根部往上推挤，一边推挤，一边揉捏，直到感觉臀部发热为止。如果手臂有力，

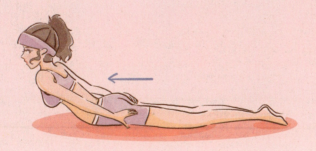

可以坚持久一点,在揉捏的过程中让上半身离开床面,还能达到收紧腹部的效果。

腿部按摩:腿部肌肉在孕期起到重要的支撑作用,可能因此出现肌肉板结的状况,按摩能减少变成"肌肉腿"的几率。

跟我做:

保持坐姿,一条腿自然伸直,另一条腿膝盖弯曲,向上竖起;双手向内握住脚踝,手指稍微用力,由下往上交替按摩小腿,直到感觉小腿肌肉变软。大腿部位也以同样的方式进行按摩。双手握拳置于大腿两侧,微微用力,从上往下敲击腿部肌肉。双腿按摩结束之后,保持伸直状态,双手扶住膝盖,轻轻抖动双腿,以促进血液循环,并保证达到最佳按摩效果。

美丽加分不打折

产后可以节食减肥吗？相信许多姐妹们都迫切地想知道答案，谁也不想在生产之后就变成大肚腩。

产后是我们的身体免疫系统最脆弱的时候，稍有不慎，影响的将会是我们一生的健康。那么，要怎么做才能保证减肥卓有成效，而身体健康也不受影响呢？

适当的运动加上合理的膳食，恢复纤细身材其实就这么简单。

YES！牛奶、豆浆

牛奶对美容的效果不言而喻，不仅能美白、抗衰老，还能促进细胞恢复弹性；牛奶对健康的效果也是众所周知的，温和滋补，含有丰富的蛋白质和钙质，适合各类人群。

豆类富含优质蛋白质，对女性的滋补效果尤其明显，还含有大豆异黄酮等促进子宫和卵巢活力的营养物质，堪称最佳纯天然进补

食品。

早上一杯豆浆、晚上一杯牛奶，保持身体的活力，就这么简单。

YES！果蔬

吃水果是补充营养、消脂减肥的重要方法。水果中含有丰富的维生素和果糖，前者能帮助我们身体的内分泌更快地实现平衡，后者则是重要的热量补充。在怀孕期间，激素分泌的改变可能会让我们的脸上出现黑褐色的妊娠斑，多吃水果能帮助我们改善肌肤黑色素沉淀的状况，富含果酸和维生素 C 的猕猴桃就是改善黑色素沉淀的高手哦！

此外，帮助乳汁分泌的青木瓜、能通便的香蕉、帮助身体创口恢复的橘子都可以常吃。不过，凡事要有度，水果减肥效果好，但不能当饭吃，更不适合大量吃。水果中的糖分很高，吃太多反而达不到减肥的效果了。而且，产后体虚的女性摄入大量凉性的水果的话，还会加重肠胃负担，引起腹泻等不良后果。

进食水果最适宜的时间是饭前，最好做成水果羹或是炖汤食用，也可以与蔬菜一起榨汁喝。如果做成水果沙拉的话，最好不要放进冰箱冷藏，也不要放太多沙拉酱。

热量少、纤维高、营养全面的蔬菜是产后妈妈必不可少的减肥美食，新鲜蔬菜可以帮助产后妈妈补充营养并恢复体能。颜色越深的蔬菜所含有的营养成分越丰富。

甘蓝、西兰花、菠菜、香菇、油菜、胡萝卜、西红柿等蔬菜含有丰富的维生素 B 族、维生素 C 和钙、铁等矿物质，能够有效弥补女性因生产和哺乳导致的营养流失。蔬菜中含有丰富的纤维素，能促进肠道蠕动，还能帮助我们排出体内淤积的毒素和多余的油脂。

此外，生产之后，我们不能摄

入太多的盐分,也不能吃辛辣食物,蔬菜的烹饪方式要尽量简单,这样才能满足我们的进食需求。

NO！脂肪、油脂、高糖

要使产后减肥有效,我们不单要知道什么能吃,还要牢记哪些不能多吃。

在坐月子的时候,鸡蛋和红糖就不能多吃。有的姐妹在产后感觉身体虚弱,头晕眼花,就认为自己需要进补,把鸡蛋和红糖当零食吃,其实每天两个鸡蛋已经是进补的极限,生血益气的红糖水每天喝一碗也足够了。

甜食、油腻的肉类则会让消化系统不堪重负,影响肠胃健康,还会使我们的体重高居不下,很难减下腰部和腿部的赘肉。

另外,减肥时还需要注意,千万别把主食搞丢了。米、面、杂粮、粗粮中含有的营养成分是蔬菜、水果、牛奶和肉食不能替代的。要知道,减肥是在保证身体需求的前提下减少能量的摄入。

姐妹们要牢记,营养均衡了才能健康减肥！

减肥,要抓住最佳时机

尽管每个姐妹都恨不得在宝宝呱呱坠地之后,就马上把浑身冒出的脂肪全部"劝退"回去,以免影响美观,但是为了宝宝的健康,还是要用母乳喂养,而且自己也需要一个营养充足的恢复期。所以,减肥切不可在月子期间就急迫地进行。

如果实在要考虑用常规方法减肥的话,至少应该在产后的第四个月才能开始。当然,我们不能在这四个月中就让脂肪肆无忌惮地发展,也不能打着要母乳喂养的旗号就毫无顾忌地大吃特吃。不节食,不喝减肥茶,也可以减肥,那就是从控制脂肪的增加开始。

先通过饮食来控制体重,不往上长了,才有减下来的可能呀。应该说,产后瘦身,我们要从健康饮食开始。

不妨先做一下这个小测试吧,看看姐妹们的饮食结构是否合理。

1. 每天所吃的蔬菜是否能达到500克以上?(一小碗素炒的青菜大约在250克左右)

2. 薯类食物,比如马铃薯、红薯以及谷类食物、大米、小麦之类每天能摄入300克吗?(家庭用的吃饭的小碗每碗米饭大约100克)

3. 肉类食物每天能够控制在100克左右吗?(一个乒乓球大小的瘦肉大约50克左右)

4. 吃的肉大部分是瘦肉吗?

5. 每天能坚持喝一杯牛奶吗?

6. 经常吃豆类食物吗?

7. 三餐所食用的油能控制在30克以下吗?(每一小勺大约10克)

8. 每天能保证三餐吗?

9. 三餐是否规律?

10. 对于喜欢吃的食物,是否能控制自己的摄入量?

11. 几乎不会外出就餐?

12. 很少吃零食吗?

如果你的回答否多于是,就证明你的饮食结构可能存在一些问题,就算吃得很少,实际摄入的热量也会很多,而且,很容易有饥饿感。

正确的饮食是保证膳食纤维和蛋白质的摄入,不要完全放弃淀粉类和脂肪类的食物。

以下是一些很适合我们控制脂肪摄入量、调整膳食结构的食物。

莲藕

莲藕中含有大量的淀粉、维生素和矿物质,能够帮助新妈妈分泌乳汁,促进消化,而且美容效果也不错。

小米

小米的维生素含量很高,能够刺激肠胃的蠕动,缓解便秘。北方人坐月子的时候就常用营养丰富的小米,但小米不能完全当主食,否则容易造成营养不均衡。

黄豆芽

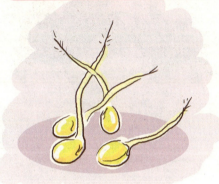

黄豆芽中含有大量的蛋白质、维生素C和纤维素等,多吃黄豆芽能增加血管壁的弹性和韧性,还能预防便秘。

黄花菜

黄花菜里含有丰富的蛋白质、矿物质和维生素,用来烧汤味道鲜

美,还能缓解小腹疼痛、小便不畅以及睡眠不实等症状。

莴笋

富含矿物质的莴笋能够坚固牙齿、助长骨骼,帮助新妈妈下乳。

通过调整膳食结构、合理饮食来控制脂肪含量,是产后瘦身的基础。

这里还需要提醒姐妹们的是一些产后瘦身容易走进的误区,希望能引起大家注意。

误区一:生育之后马上开始运动减肥

生育后不久就开始进行减肥运动,会影响到子宫的康复状况,尤其是进行过剖宫产的新妈妈。表面伤口的愈合不代表子宫壁上的伤口也随之愈合,大强度的拉伸运动很可能撕裂伤口,引发新的出血。

产后瘦身操应该等到产后六周之后再慢慢进行,如果是剖宫产的话,应该等到两个月后再考虑开始。

误区二:即使贫血也要减肥

由于生产过程中失血过多,或者坐月子的时候调理不当,很多新妈妈出了月子就开始贫血。减肥首先就要控制糖分的摄入,这对贫血的女性来说是很不利的。

多吃一些含铁量丰富的食物,比如菠菜、鱼类、动物肝脏等,应该先调养好身体,再考虑减肥的事情。

误区三：便秘的时候也瘦身

产后身体结构发生改变，肠胃功能失调，此时非常容易引起便秘，很多姐妹并没有考虑到便秘的后果，反而觉得这个时候更应该抓紧瘦身，因为胀鼓鼓的小腹让人很难堪。

其实便秘的时候是不适合瘦身的，尤其是运动瘦身，运动之后，由于便秘而残留在身体里的毒素很可能再次参与体内循环，反而给我们造成伤害。

遇到这种情况，首先要解决便秘问题，多喝酸奶、多吃蔬菜，让肠道通畅起来。

产后健身操，让你立现杨柳小蛮腰

对于女性来说，无论是顺产还是剖腹产，都是一件极耗体力的大事。很多姐妹会在生产之后感觉到精神倦怠、体力不支，此时，适当的休养非常有必要。不过，如果我们真的依照习俗，在产后的一个月里大补特补却不运动的话，那想要恢复纤细的身材就会成为镜花水月的事情了。

事实上，在"坐月子"期间，我们的确需要注意很多禁忌事项，但适度的运动是必要的。一些动作轻柔、强度适中的运动能帮助我们的身体更好地恢复，产后健身操就是其中重要的一种。

这里为姐妹们推荐一套我已经试验过的健身操。

Part 1：用自己感觉舒适的姿势盘腿坐下，双臂上举，在头顶合拢，掌心相对；上身挺直，呼气收腹，缓慢转向左边，保持五秒；吸气，再将身体转回正面，双臂经两侧往下，放置在膝盖上；呼气，再往右转身，向上举起双臂，吸气再转回来。左右交替，为一组动作。

Part 2：挺直上半身，双膝并拢，跪坐在床上；手臂平举，斜向下，触及床面，支撑身体向前，尽量将手臂和胸腹部贴近床面；臀部向上翘起，感觉到腹部肌肉的拉伸和背部骨骼的弯曲。

手掌支撑起身体，手臂与上半身成90°夹角；小腿贴近床面，与大腿成90°夹角；吸气收腹，向上弓起背部，直到极限；吐气，向下塌腰，直到极限。

抬起手臂，恢复成坐姿，调整呼吸后，手臂经向后握住脚踝，弯曲腰部，尽力让头顶靠近小腿，坚持数秒，再恢复成坐姿。

动作要领：每个动作完成的时候，都会感受到身体部位已经拉伸到极限。刚开始的时候很难一次到位，不过坚持一段时间后就能感觉到脊柱和腰椎柔韧度有所恢复，对背部和腰部肌肉的恢复也极有效果。

Part 3：放松身体，平躺在床上；双臂垂放在身体两侧，深呼吸；头顶向下，颈椎抬离床面。吐气，用头顶支撑住头部；吸气，腰腹用力，将肩背部抬离床面，坚持一次深呼吸的时间，如果抬离时感觉有点吃力，可以稍微借助一下手肘部位的力量；再次吸气，将腰椎抬离床面，上半身与床面形成45°夹角，坚持数秒，再缓慢还原成平躺的姿势。

动作要领：注意做此动作一定要放慢节奏，如果不能抬离腰椎，也不必勉强，只要抬离上身，能够感觉到腰腹肌肉绷紧即可。

Part 4：身体平躺，双脚分开与肩同宽；手臂垂放在身体两侧，呼气，腰部用力；腿部、肘部助力，将臀部抬离床面，尽可能延长臀部悬空的时间；同时收紧臀部，顺时针绕圈一次，再逆时针绕圈一次；吐气，使身体慢慢还原。

动作要领：配合呼吸，反复数次，能有效收紧腿部和腰腹的赘肉。在提臀的同时，还能加快阴道弹性的恢复。如果没力气将臀部抬离床面，可以在臀部下方垫一个枕头，保持腰部悬空，降低运动的难度。

Part 5：身体平躺，双脚分开；双臂自然垂放在身体两侧，呼气，绷直脚尖、腰部用力，将左腿向上抬起；吸气并放下左腿，呼气并抬起右腿，吸气再放下右腿……两腿交替抬起，抬离床面后就尽量让两腿悬空，不再触及床面。

动作要领：刚开始的时候可以放慢两腿交替的节奏，等身体适应之后可以加快双腿速度，交替数次后，放下双腿，改成勾起脚尖抬腿，同样交替数次。绷直脚尖和勾起脚尖都以感觉到腿部肌肉绷紧为宜。

锻炼效果：这组动作能够收紧腿部肌肉，对促进腿部血液循环、减轻腿部水肿也很有帮助。

产假结束前的适应训练

时间似乎总是不够用，宝宝饿了要赶紧喂，喂完了宝宝还要逗他玩，好不容易把小家伙哄得睡着了，还有一堆事情要解决。洗澡不敢完全投入，更不要说看电视、上网了。自从有了宝宝，听觉似乎提高了很多，平时听不到的小动静，现在马上就能感觉到……几乎全部时间都用来照顾宝宝了，恨不得每天有四十八个小时。

可是，产假中都如此慌慌忙忙，产假结束后，该怎么面对工作和家庭的双重压力呢？如何合理地分配时间是大多数新妈妈都必须面对和思考的问题。

事实证明，只有做到有效地管理时间，才能保证工作、家庭和自身三不误。有效管理时间说起来简单，做起来却很难，女人似乎天生善于把自己搞得手忙脚乱一团糟。看来，产假结束前，的确有必要进行适应性训练。

第一步，试着罗列出一家三口每天的生活模式，不仅要照顾宝宝，还要注意自己和老公的日常生活。

这个可能需要一定的观察时间，最好详细到细节。比如每天什么时间给宝宝喂奶，什么时间给宝宝洗衣服洗尿布，什么时候该看看宝宝有没有尿湿，什么时候洗自己的衣服，什么时候做饭，什么时候睡觉等。还有一些不可预见的事情，比如朋友来访，或者宝宝突然生病了应该怎样应对等等。

第二步, 将所有的事情罗列出来以后,就要开始分类了。

心理学上有一个著名的法则叫做艾森豪威尔法则,也称四象限法则。这是艾森豪威尔将军发明的,就是将每天的事情划分成了四类,分别为紧急且重要、重要但不紧急、紧急但不重要、既不紧急也不重要,将这四类分别填在四个象限中,然后把前面罗列出来的事情分别填入象限中。

在填入之前,姐妹们一定要考虑清楚。如果只考虑事件的重要性,那么很可能给自己带来紧张和局促的感觉,过度紧张反而会引来更多的麻烦。

如果只考虑事情的紧急性,而忽略了它的重要性,就会整天都感觉忙忙碌碌,未必能把事情做好,还可能会因为一直处在忙碌状态而让自己灰心丧气,情绪低落。

第三步, 列一个表,标明常规的事情,即每天必须做的事情,同时标注出处理这些事情的时间和所需要消耗的时间。

比如从早晨起床开始,要给宝宝换尿片、喂奶,做早饭和自己的清洁卫生等;到了中午和下午也有一系列常规的、每天都需要做的事情。

每个家庭的情况不同,但这些事情大同小异,时间表的安排也会有所不同。在这些列表中你会发现,除了照顾宝宝之外,其实还有

第六章 产后2~3月塑身总动员

很多碎片时间。这些时间可以用来忙里偷闲，调整自己的心情，开始为工作做准备，静下心逐渐进入状态。

第四步，根据时间表的标注认真履行，尽量在处理常规事情的时候不要超时，当然，如果出现不可预料的特殊事件，那就紧急情况紧急处理吧。

履行一两个星期以后，我们可以根据结果来调整时间表，把此后需要去上班的时间留出来，再重新安排那些常规事情，比如给宝宝喂奶等。

预留出上班时间之后，更加需要统筹规划。我们可以再来筛选一遍当初的四象限，看看是否有些事情可以直接从象限里去掉。

这样规划一番之后，就算每天留出八小时工作，也会有剩余的时间来处理孩子和家庭等问题，我们就不会感到那么慌乱。虽然放松的时间相对少了一些，但是至少心灵会轻松。重要的是，我们可以从被

动慌乱变为积极淡定，把那些实在没有时间处理的问题解决好，还会有多余的时间去做一些自己想做的事情。

其实把烦乱的事情全部记录下来，就会发现并没那么糟糕，事情并不是永远都处理不完，只是我们没有进行合理的安排罢了。

当然，在这些安排中，不要忘了写上让老公应分担的事情哦，比如每个月需要采购的奶粉、尿布、食物以及固定的时间和事情。妈妈工作后，爸爸要多分担一些，虽然喂奶的工作不能身体力行，但可以多承担一些重活，减轻妈妈的负担哦！

"爱爱"那件事，调整好再进行

年轻的时候，觉得性爱是无可取代的美好事情，特别是两个人刚刚结婚的时候，更是恨不得分分秒秒都黏在一起，有用不完的精力。可是随着时间的流逝，柴米油盐的琐碎逐渐占据了生活，两个人合拍的时间越来越少、欲望越来越弱，直到商量妥当、准备充分而打算孕育宝宝。从怀胎到生产，和老公的关系似乎有些微妙的变化，却说不清楚变化在哪儿，总之是没有以前那样的感觉了，相信很多姐妹都有这样的小情绪，特别在性爱这件事情上。

之前听一个姐妹描述她产后第一次"爱爱"的事情，惨痛的经历让她从此有了很大的阴影，就连我们听的人都感到有些害怕。因为这个姐妹出现过几次先兆流产，所以在整个孕期都非常小心，完全杜绝了性生活，顺产生完宝宝之后，她觉得自己恢复得比想象中的更快更好，而且夫妻二人都有些"久旱逢甘霖"的渴望。出了月子之后，夫妻俩就找了一次感觉，谁知道，整个过程中她没有体会到丝毫的快感，而且会阴部的伤口疼得她直流泪。最后，俩人只能草草收场，而且之后的几天，这个姐妹都在疼痛中度过，她也一直不敢再想这件事情。

事实证明，性爱是一件丝毫都不能勉强的事情。

在这里要给姐妹们一些温馨的小提示。

Tip1 把恢复期当成一个漫长的前戏，不要太过着急。

产后何时能开始第一次性生活并没有绝对的规定，这要看女性的恢复程度，切记不可强求自己去迎合对方，一定要积攒足够的欲望，而且身体也恢复得足够应对这件事的时候，再去进行。整个过程一定要轻柔，千万不要过度追求激情和快感。

Tip2 不要内疚，可以暂时忘记自己是个母亲。

有的姐妹虽然身体恢复得很好，但心理上的调试却一直不到位。比如过度敏感，担心宝宝突然醒来，甚至竖着耳朵听宝宝的动静，完全不能投入到性爱的状态中，这也是很多人会出现的情况；还有的姐妹会内疚，觉得幼小的婴儿就躺在身边，自己却在和老公缠绵，觉得简直不像一个端庄的母亲。这种内疚感一旦爬满心头，哪里还有激情可言？

其实这样的担心是完全没有必要的，在想到自己是个母亲之前，首先要想到自己是个女人，是别人的妻子。在一个家庭中，性爱是保持夫妻关系和谐的因素之一，只有家庭和睦才能给孩子提供一个好的生长环境。所以不要太过焦虑，如果实在无法接受孩子睡在身边，可以在他熟睡的时候将婴儿床搬远一些。

Tip3 不要着急，慢点、温柔点进行。

有的夫妻之间很享受那种疾风骤雨般的激情，但是产后的第一次性爱，建议姐妹们不要太急迫地追

求激情。因为在产后相当长的一段时间里,卵巢激素的分泌水平都很低,这不仅会抑制性欲,还会使阴道黏液减少,所以急促粗暴的性爱不但不能点燃激情,还容易使阴道受伤。

此时的性爱,水乳交融的温柔要强于暴雨般的冲撞。

Tip4 坦然地欣赏自己身体的变化。

生育让我们的体型变得臃肿,而且在短时间内很难恢复到之前的样子。有的姐妹会因此不敢正视自己的身体,更不要说让老公看到,她们会变得敏感,甚至会因为老公无心的言语而感到内心强烈受伤。事实上,在这个时期,由于体型变得丰腴,我们的肌肤会比从前更有弹性,甚至连外阴也更柔软,阴道更富有张力,对于对方的爱抚也会更加敏感。这种变化会让自己比从前更有女人味,也会让老公感到欣喜的。

隔了一段时间没有肌肤相亲了,我们都需要熟悉彼此的身体,所以产后第一次性爱,主要是寻找之前那种亲密与默契,回想起过去美妙的时光和那些最让人沉醉的时刻,慢慢就会进入状态。

当身体尚未完全恢复之前,温柔的性爱是加速我们身体恢复的助燃物,但一定要讲究质量而不是数量,如果阴道有些干涩的话,可以准备润滑液或者借助避孕套的润滑效果。

如果最初的尝试遇到困难,有疼痛感或者伤口撕裂的情况,一定要马上"刹车",不能勉强,以免留下心理阴影。

美美地睡一觉,我在梦中想到宝宝你可爱的样子,忍不住微笑。

辣妈的温馨提示

- 坚持母乳喂养是最好的美容方式
- 抓住胸部二次塑形的最好时机
- 多喝果蔬汁,祛斑又润肤

第七章
产后3~6月,
恢复美貌的最佳时机

母乳喂养这么美妙的事情,快乐地做下去

看着宝宝嘟着小嘴、满足地吮吸着我的乳房,吃饱了之后嘴角还会溢出一些乳汁,然后满足地睡去时,不禁觉得母乳喂养真是一件美妙的事情。尽管乳头因此付出了疼痛的代价,但相信没有哪个妈妈会因此后悔,何况,问题奶粉层出不穷,也找不到一款放心的奶粉,还是"原产"的最好。

事实上,母乳喂养的好处多多。如果不是奶水严重不足或者由于特殊情况不能实现母乳喂养的话,姐妹们大可不必为选择什么奶粉而绞尽脑汁,因为就算现在的配方奶粉成分再精良,也比不上母乳。

先用数据来说明问题,一般配

方奶粉中的营养成分的种类大概能达到六十种,但我们自身分泌的母乳仅营养成分就能达到一千多种,而且母乳中还含有多种配方奶粉所不能合成的酶及免疫抗体,能够增强宝宝的抵抗力。

母乳原本就是最适合宝贝的食物,营养丰富、口感好且易于消化,温度也适中,不需要加热或放

凉，这些好处都是其他乳制品所不能替代的。

除了增强孩子的抵抗力之外，母乳喂养对我们自身也是有好处的。它能够降低我们罹患乳腺癌的危险，而且在母乳哺育宝宝的过程中，与孩子的亲密接触，能够更好地培养母子间的情感。

生产之后，我们的身体里堆积了很多脂肪，哺乳正好是一个能量消耗的过程，它能够促进新陈代谢，帮我们燃烧掉怀孕期间积蓄下来的多余热量。

有的姐妹会担心哺乳之后乳房更容易下垂，影响到美丽。其实不然，只要我们哺乳得当，这恰好是一个让乳房变美的机会，因为哺乳会促进我们体内催产素大量分泌，这种激素会增加乳房悬韧带的弹性。

所以，不管是从宝宝的角度考虑，还是出于对我们自身的考虑，母乳喂养都是一件美妙的事情。如果没有什么特殊情况不能哺乳的话，就坚持将这件美妙的事情多做些年月吧！

当你处于产后掉发期

历经了十月怀胎的艰辛,宝宝的第一声啼哭带走了我们所有的不安和困惑,新生活开始了。但突然发现,每次梳头之后,残留在梳齿之间的发丝愈见多了起来,额前的发际线开始有了后退的趋势,头发明显变得稀疏,脱发的烦恼入侵,让我们感到非常困惑。

难道头发要掉到露出头皮的那一天才肯罢休?明明我们在产后营养等各方面都很注意,为什么还会像营养不良或用脑过度那般掉头发?新妈妈为什么那么容易掉头发呢?

其实,产后脱发很正常。细究其原因,主要与下面四个因素相关。

首先,激素水平的变化。

头发更新的速度和我们体内雌激素的水平有很大关系,当雌激素分泌量过高,头发更新的速度会相对减慢;相反,雌激素水平较低,头发的更新速度就会加快。怀孕的时候,体内雌激素水平升高,头发更新的速度减慢,寿命相对延长。

而生产之后，雌激素下降到正常水平，头发更新速度就加快了，那些"长寿"的发丝迅速脱落，而新的头发长势缓慢，所以出现了"青黄不接"的状况，就形成了脱发过多的现象。

其次，营养不均衡。

怀孕和分娩对我们来说都是很大的消耗过程，所以在产后，我们和宝宝都需要大量的营养补充。但很多姐妹会出现挑食的情况，有的东西特别爱吃，而有的东西见都不想见，再加上消化吸收功能的欠缺，很容易造成营养不均衡。

还有一些姐妹在产后急于恢复苗条的身材，有意识地节食，这样更容易造成营养失衡，严重影响到头发的生长和代谢。

再次，精神方面的刺激。

宝宝还未出世的时候，各种兴奋、紧张和焦虑都交织出现，可是当宝宝呱呱落地，所有的情绪却都变成了疲惫，迅速从高亢转入低落。这样就会导致大脑皮层的功能失调及植物性神经功能紊乱，那些控制头皮血管的神经也跟着失调，使得头皮供血减少，导致头发严重营养不良而脱落。再加上喂养宝宝，很容易睡眠不足，更是影响到了头皮的营养供给。

当我们发现掉发严重的时候，会感到焦虑，脱发的现象会变得更糟糕，形成恶性循环，脱发的情况越来越严重。

最后，对头发护理不当。

很多姐妹受到传统观念的影响，在坐月子的时候不洗头，甚至由于害怕受风还坚持戴着月子帽。在长达三十多天的时间里，头皮都得不到新鲜空气的滋养，再加上分泌的油脂全部堆积在头发里，既影响了头皮血液的供给，又容易引起毛囊过敏或发炎，从而增加了脱发的几率。

看罢原因之后，相信姐妹们都了解了，一些不经意间的小习惯其实就是产后脱发的元凶。

那么，处于产后掉发期的我们该如何努力遏制这个现象呢？

第一，心理调节。要告诉自己，产后脱发很正常，只是暂时的现象,慢慢就会好起来的。一定要对自己有信心,只要合理膳食和规律作息,就一定能找回曾经的秀发。千万不要每天站在镜子面前自怨自艾,这样反而会因为情绪紧张加重脱发。

第二,注意饮食。 均衡营养是很重要的,姐妹们千万不要太任性,想吃的东西就拼命吃,不想吃的连看都不看一眼。要知道太单一的饮食结构影响的可不仅仅是头发,我们的皮肤、身材甚至宝宝的营养摄入都会受到影响。所以,一定要多吃新鲜的水果、蔬菜、蛋白质品、海产品以及豆类。

第三,选择洗发产品。 选用那些性质温和且适合自己发质的产品,并定期清洗头发,不要走入"不频繁洗发才能养发"的误区。洗发之后用木梳或牛角梳梳理头发,并且按摩头皮,加速头皮的血液循环,刺激新头发的生长。

第四,中药滋补。 服用何首乌、当归等中药来达到补血滋阴和补精益髓的功效,更能有效改善产后脱发的状况。

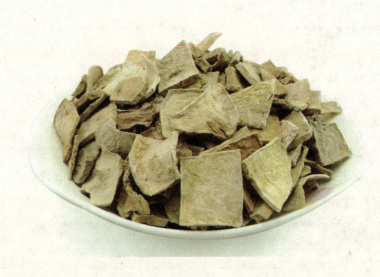

不想乳房下垂？开始锻炼喽！

胸部的坚挺、饱满和富有弹性远比罩杯的大小更能够体现我们的魅力，孕后胸部变大自然值得欣喜，姐妹们若想要延续这份欣喜和美丽，不想乳房下垂，那么赶紧开始来做一些让乳房 UP 的扩胸操吧！

下面就要为姐妹们推荐一些有针对性的扩胸操，为大家揭示产后拥有迷人上围的秘密。

美胸操 1

Step1 双膝着地，两臂与肩同宽并向前俯身，手掌向前方撑地。

Step2 弯曲双肘，身体垂直下降，注意动作不要太猛，要缓慢进行，感觉到力量在身体里运行。

Step3 用双臂的力量将身体撑起。重复练习十至十五次。

美胸操2

用力去发出"E"的音,发音的时候能够感到脖子周围的肌肉紧绷,坚持一下,直到感觉胸部稍微移动,然后放松嘴巴,收回到吹口哨的嘴型。

这个练习不但能够让胸部挺拔,还能有效增加胸部的弹性。

下面的锻炼就有一定的针对性了,姐妹们可以根据自己的情况来选择适合自己的运动。

组,每天坚持练习十至十五组。

❤ 如果你觉得孕前的自己有些像"太平公主",A罩杯常常让你少了些自信,有了宝宝之后或多或少弥补了这点遗憾,你是否再也不想恢复到从前的"飞机场"?

那么请跟我做:

Step1:双手手指并拢,抬臂直到手指触及肩胛骨。

Step2:以肩胛骨为中心,双臂向后缓慢做画圈运动。画圈的时候要注意充分伸展肩胛骨,手指尽量保持在这个位置,不要离开肩胛骨,肩部也要尽可能地向后伸展。以连续画五个圈为一

❤ 如果泌乳让你的胸部足够丰满,但哺乳期过后很快就觉得胸部下垂了,肌肤松弛又没有弹性。

那么请跟我做:

A 引胸向上

Step1:双手手心向上托住同侧乳房下侧,注意只是托住,不要用力挤压。

Step2:按照由上至下,由外至里的顺序,从乳房的外侧向斜上方轻轻推拿,充分按摩乳房。这个动作在沐浴的时候,借助水的浮力来做会更有效果。

Step4：左手朝右手用力，将右臂推到胸外侧，期间两臂保持在水平线上，十秒钟之后，换右手朝左手用力。

左右反复四次为一组，每天可做十至十五组，做的时候要感觉双臂均有拉伸感。

B 颈部提拉牵引

我们的颈部肌肉和胸部肌肉是相连的，所以可通过锻炼颈部肌肉来对胸部肌肉起到提拉牵引的效果，这样做还能帮我们改善暗沉的肤色。

Step1：背部挺直，深呼吸十秒钟；脖子向肩部一侧转动，要注意保持身体平直，肩部也不要晃动。

Step2：颈部转到极限之后，停留五秒钟，然后转回正面；换另一个方向，左右各三次。

Step3：双手手掌合十，手心中空置于胸前，缓慢地吐气数秒钟。

C 胸部提拉

Step1：双手合十置于胸前。

Step2：大臂和小臂保持在一条水平线上，慢慢向上抬高，注意保持水平，不要只将小臂上举。

Step3：抬到极限的时候停

留五秒钟，然后缓慢放下，上举的时候要感觉腋下和胸部均有拉扯感。

Step2：站直，双脚与肩同宽，双臂前伸，手指勾在一起。

Step3：深吸气，头部向下压，收缩腹部；吐气，头部向上抬起，做挺胸的动作，保持十秒钟后还原，重复三次为一组。每天可进行十至十五组。

如果你觉得胸部够大，也没有太过下垂的趋势，可是却外扩得有些难看，不穿胸衣时，乳房完全无形。

那么请跟我做：

Step1：双臂向后伸直、手腕弯曲，两只手紧紧勾在一起，然后向上用力抬伸，背部保持平直，伸到极限之后保持十秒钟再复原。重复三次为一组。

让我纠结的内衣选择

一朝分娩之后,怀孕前的苗条身材再也不见踪影,取而代之的是浓浓的"妈咪味道",丰满有余、线条不足。"大一号"的我从内衣开始就一直在纠结,该怎么选、怎么穿,才能既舒适又不显得臃肿依旧?

如果选择母乳喂养,哺乳胸罩是必须购买的。因为哺乳胸罩多为无钢丝前开式或者软钢丝全开式,可以露出乳头和乳晕部分,减少我们给宝宝喂奶时重复穿脱胸罩的麻烦。

对于哺乳胸罩的选择也是有一定原则的。要注意尺寸、穿戴方式和舒适度,不要束缚过紧,也不要因为胸衣太松而失去了承托乳房的作用,这样都不利于乳房的保健。

另外,哺乳胸罩虽然使用的时

间不长,但还是建议姐妹们购买三件左右,以便换洗。

当停止母乳喂养,就要面临胸部塑形的问题了,因为泌乳而胀大的胸部或多或少都有下垂的危险,这时挑选适合自己的调整型塑身内衣就显得尤为重要。

塑身内衣只是一个统称,市面上常见的塑身内衣一般有三合一连体款式和一些单品,比如束身胸罩、束腹带、束腹裤、腰夹等等。其针对性也有所不同，可调整我们的胸形和小腹，还有美背、瘦腰、提臀等等功能。

购买这类内衣的时候，一定要记得以下选购原则。

首先，内衣的松紧程度。

内衣不能太松或者太紧，特别是三合一连体款式的，只有均匀服帖地包裹在身体各部位，才能让全身的肌肉获得同等的压力，这种微妙的压力能够对皮下脂肪起到按摩作用，使得皮下脂肪均匀地分布，更好地塑造我们的"魔鬼身材"。

选购的时候一定要试穿，而且穿上以后要左右活动一下，看看束缚感会不会让自己感到难受，姐妹们千万不要因为急于想瘦身想塑胸形就勉强自己买一些过紧的塑身内衣，却忽略了太紧的内衣会压迫到淋巴循环，反而引起身体水肿，影响身体健康。

其次，内衣的材质。

内衣是贴身衣物，必须透气、排汗性强，才会舒适。如果紧紧的内衣只有束缚感，一点儿也不透气，穿着的时候就会很容易捂出一身汗，引起皮肤瘙痒。

购买的时候一定要询问塑形内衣的材质，选择透气性强的内衣。

再次，了解塑形内衣的强度和张力。

好的塑形内衣必须稳定和持久，不会穿上几个小时就松弛变形，选购时要试着拉扯布料，看看其恢复的速度。而且姐妹们也要考虑到自己的身形总会发生一些变化，所以建议大家提前购买。

最后，口碑和品牌。

购买塑形内衣时最好选择有口碑的牌子，哪怕价格稍微高一些。好的品牌内衣在材质、形状和塑形效果上都有讲究，且性价比相对较高。

买到称心如意的内衣之后，还要提醒姐妹们一点，每天穿塑形内衣的时间不宜过久，以八小时左右为宜。产假休完返回单位上班的女性刚好可以把握好，只在上班的时候穿，下班回家就脱下，避免内衣过度束缚身体，影响健康。

肚子还那么大，怎么配衣服嘛！

生宝宝不是一件容易的事情，肚子也不是一夜之间长成的，虽然会在宝宝出生后的那一刻迅速瘪下去，但是要想恢复到孕前平坦的小腹，还是需要一定努力的。

如果不想彻底沦落成"小腹婆"的话，产后六个月的最佳恢复期不容错过。

在这里我就为姐妹们推荐一套"辣妈瘦身操"，不但可以帮助我们恢复到孕前的体重，而且几乎不反弹哦！

这套瘦身操的每个步骤都分成A和B两项，分别适合产后三个月和产后五个月的妈妈。

还等什么？趁宝宝还没睡醒，一起来做"辣妈瘦身操"，赶快行动吧！

Step1：

A：平躺在瑜伽垫上，脚尖绷直、膝盖弯曲、抬腿，大腿保持与身体垂直，用腹部的力量将上背部抬离瑜伽垫。吸气，双臂上下拍打五次；呼气，再拍打五次。

为了早日恢复平坦的小腹，坚持做到一百次吧，当然这是可以循序渐进的。

B：平躺在瑜伽垫上，双腿伸直、脚尖绷直，上抬到几乎与身体垂直的位置，同样利用腹部力量将背部抬起，双臂上下拍打一百次。

功效：强化腹部深层肌肉的张力。

Step2：

A：平躺在瑜伽垫上，双腿分开、膝盖弯曲，双臂伸直放在身体两侧；吸气，用骨盆的力量带动身体的腰背部抬离地面，保持五秒钟，臀部肌肉收紧；呼气，将脊椎一节一节地放回到瑜伽垫上。

B：前面的步骤相同，但在用骨盆力量带动腰背部抬离地面时，同时将一侧腿上抬指向天花板；呼气时腿放下，脚跟点地，重复六至八次，换另外一条腿。在做这个动作的时候要注意保持肋骨下沉，同时，胸部、腹部在一条直线上。

功效：增强我们脊柱的灵活性，提升腹部和腿部的力量。

Step3：

A：平躺在瑜伽垫上，膝关节弯曲、脚尖绷直；小腹用力，将上身抬离垫子，呼气，左腿收回腹部方向，左手握住左脚踝，右腿向斜上方伸出；吸气，换另一侧进行。重复六至八次。

B：尝试着在右腿向斜上方伸出的时候，上半身向左侧转体，然后腹部用力将左腿拉向胸前；换另一侧进行，重复六至八次。

功效：锻炼腹部深层肌肉的张力和腹斜肌的力量。

Step4：

A：坐在瑜伽垫子上，双手分开，置于身体的后侧，膝盖弯曲；吸气，双腿并拢，运用臀部和腹部的力量将身体从骨盆开始将躯干顶向空中；呼气的时候，臀部回到垫子上。该动作重复八次。

B：骨盆带动躯干向上抬的时候，保持双腿向前伸直，呼气时臀部着地。重复八次。

功效：锻炼臀部、腹部和腿部的肌肉群。

Step5:

A：俯卧在瑜伽垫上，双腿伸直、并拢；双手紧贴在大腿两侧；吸气，把力量沿着脊椎传到头部上方，上半身轻轻抬离垫子，尽量抬高；吸气时保持这个动作不变，呼气时身体归位，重复六至八次。注意上半身上扬，而不只是头部上扬。

B：双腿跪在垫子上，双手打开至与肩同宽并支撑起身体，让整个背部平行于地面；吸气，向前伸直右侧手臂，同时左腿向后伸。重复六至八次之后再换另一边。

功效：锻炼我们劳累已久的背部肌肉。

Step6：

A：坐在垫子上，双腿弯曲、双手抱住膝盖，双脚离地；背部弓起，微收下颚。身体向后滚动，保持头部不要触碰到垫子；吸气，利用腹部的力量，将身体滚回到起始的位置，双脚不要触碰到地面，重复六至八次。

B：坐在垫子上，双腿弯曲、分开，双手抓住脚踝；背部挺直，慢慢伸直双腿；吸气，将身体的重心略微向后移动；吸气，腹部用力还原背部到起始的位置，主要是练习身体的平衡性，重复该动作六至八次。

功效：锻炼腹肌对身体的控制力量，舒缓背部的肌肉。

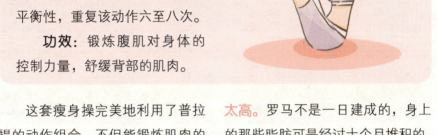

这套瘦身操完美地利用了普拉提的动作组合，不但能锻炼肌肉的力量，收紧身体松弛的部位，还能增强新陈代谢、加速脂肪燃烧。

而且，考虑到妈妈在孕期因为宝宝生长而压迫脊柱带来腰背疼痛，于是在这套瘦身操中加入了一些适当的拉伸动作，缓解疼痛；同时它还能缓解因为孕激素升高而产生的关节疼痛。

瘦小腹不是一日之功，一切的一切贵在坚持，只要坚持锻炼，早日穿上漂亮衣服就不是奢望了。

这里再说几点帮助姐妹们加速瘦身的小秘诀。

♥ **瘦身早开始，目标不用定得太高**。罗马不是一日建成的，身上的那些脂肪可是经过十个月堆积的，不要奢望一两个月就能迅速减下去。

♥ **早上起床后要饮水**。每天早上起床的时候一定要喝水，而且要时刻注意补充水分。

♥ **尊重身体的真实感觉，不要急功近利**。如果感到不舒服，就要将动作放缓或者停下休息，过度勉强自己延长运动时间或增加强度都容易给身体带来伤害。

♥ **运动前吃水果**。在运动开始的一个小时前吃点新鲜水果，这样能保持体内血糖平衡。

♥ **少食多餐**。可以将一日三餐换成一日六餐，每隔三小时左右就吃些简单的食物。

跟黑色素说拜拜！

怀孕时，雌性激素和孕激素分泌增加，会导致皮肤中黑色素细胞异常活跃，这是几乎每个孕妈妈都不可避免的。

正常情况下，皮肤中的黑色素沉淀会在产后的三至六个月内慢慢地淡化、消失，黑色素自身的分泌也会恢复正常。但是有的新妈妈由于体质的关系，异常黑色素未能完全通过新陈代谢排出体外，而是慢慢在体内堆积下来，原有的色斑就会加重；还有的新妈妈在日常生活中并不关注黑色素状况，导致色素沉积久久不散，从而影响美丽。

在这里为姐妹们介绍一些小秘方，是我的婆婆和妈妈从不同渠道获得的信息，我和身边的朋友都用过，效果因人而异，姐妹们可以酌情选择。

秘方一： 冬瓜子仁15克，桃花12克，橘子皮6克，混合在一起研成粉末；饭后用米汤或菜汤调服（米汤效果更佳）。每天喝二至三次，坚持几个月，肌肤会变得白嫩光滑。

秘方二： 冬桑叶煎浓汁贮存备用，每天早晨洗脸时，倒一小杯冬桑叶汁在洗脸水中，坚持洗面一两个月后就会发现皮肤变得柔软，而腹部沉积的黑色素则可以用毛巾湿敷的方法来进行。

秘方三： 挑选晒干的玫瑰花浸泡在热水中，待到花瓣泡开且热水冷却之后再加入几滴橄榄油，用此水擦

脸或身体,能够使肌肤光滑润泽。

秘方四:如果不注意防晒而使得皮肤不小心出现了小红点,可以用牛奶擦在被晒红的部位,待皮肤收缩,再贴上柠檬片。坚持一个星期后,再将黄瓜捣烂,混合葛根粉和蜂蜜,制成面膜使用,斑点就会慢慢消失。

其实要去掉黑色素,最本质的工作就是要做好美白,所以这里再为姐妹们推荐几款自制的美白面膜。

牛奶美白

每天给自己准备一小杯鲜奶,夏天可以把鲜奶冷藏在冰箱里备用。先用蒸汽蒸脸,最简单的方法就是用锅烧点儿水,待到水开的时候把脸凑上去,整个过程都要小心,防止被蒸汽烫伤哦!

待到蒸汽过后,毛孔几乎全部被打开了,此时将化妆棉吸满鲜奶敷在脸上,过十五分钟之后洗净。长期坚持使用能够让我们的肤色白净均匀。

西红柿蜂蜜美白

这个配方可以兼顾到身体,特别是肚皮或者背部有暗疮的地方,能使皮肤变得白皙细腻,还能祛除油腻,防止皮肤感染。

准备半个西红柿和适量蜂蜜,搅拌均匀,尽量搅拌成汁水,然后均匀地涂在面部、手部或者身体需要的部位,过十五分钟后清洗干净。这个工作在洗澡前进行比较方便,如果涂抹身体,一定要记得保暖。建议每星期做两次。

除了秘方和 DIY 面膜之外,生活细节也是跟黑色素说拜拜的关键之一,未雨绸缪总强过亡羊补牢。

♥ **避免暴晒**。尽量避免在中午太阳当空的时候出门,特别是夏天,因为这个时间段紫外线最强烈,对皮肤的伤害最大。

♥ **防晒**。就算避开太阳当空

照的时候，出门时也要注意防晒措施，防晒霜、遮阳伞、墨镜、帽子……不要嫌麻烦，晒伤了再补救就麻烦了。

♥ **冷热水交替洗澡**。只要出过门从事过户外运动，不管受到的日晒程度如何，回家后都要洗澡，用冷热水交替的方式冲洗全身，然后涂抹相应的护肤品。

♥ **对抗晒伤**。如果身体某些部位不慎被暴晒，先用毛巾包着冰块来冰镇散热，千万不要用手抓，否则会加剧晒后斑的产生。

♥ **多喝水**。水是生命的源泉，自然也是美丽的源泉，每天喝足水的重要性已经强调了很多次了，如果能在水中加一小片柠檬，美白淡斑的效果会更好。

♥ **远离人工添加剂**。少吃或尽量不吃油炸、烧烤等食物，并慎用激素类药物。

宝宝要抚触,妈妈也要!

在喂养小宝贝的过程中,我开始慢慢体会到依恋情绪的产生,孩子虽然还不懂事,不会和我沟通交流,甚至也不会真正地表达,但是当他小嘴一瘪,想要哭或者已经号啕大哭的时候,只要我抱着他,轻拍着他的后背,温柔地抚摸他,宝贝就会慢慢地安静下来。睡前也是这样,我一边抚摸着宝贝、一边轻声唱着摇篮曲,他很快就会香香甜甜地睡去。

最可爱的还是给宝宝洗澡的时候,当我给他清洗身体,他会露出满足且天真的微笑,这样的微笑简直无可取代,真是上天赐予我的最大的幸福。

抚触宝宝的时候,他会从激动、不安、暴躁慢慢变得平静。这就是母亲和孩子之间独特的依赖方式,孩子依赖着母亲带来的安全感,而母亲则依赖着孩子带来的幸福感和满足感。体会这种温情的过程,也是我们自我疗愈的过程,把生产后的不安、烦恼、暴躁和无助感慢慢地磨平,从孩子天真的微笑中找到生活的另一层意义。

当然,宝宝需要的抚触是一种天生的依赖,妈妈也是同样需要抚触的。温柔的爱抚能够表达很多爱意,让我们更加美丽,也让我们更早地走出产后抑郁的阴影。

老公温柔的爱抚的确很重要,经常当我歪着头看着宝宝香香甜甜睡去的时候,就能感觉到老公从背后温柔地将我拥抱，他习惯摩擦一下我的背、腰和胳膊，无需语言，但传达的意义我已明白，他是在告诉我，老婆辛苦了，他理解、支持并且愿意无条件地提供帮助。

这种抚摸传递的是爱和理解。在这个过程中，我们的肾上腺会分泌大量激素，这些激素使我们的皮肤变得敏感，浑身会有电流通过，甚至脸红心跳。在皮肤大量充血的过程中，皮肤表面沉积的色素和毒素也会被带走一些，结果，在老公的爱抚下，我们积极健康地恢复着美丽。

爱人的抚摸对于肌肤的功效还只是其一。

其二，老公的温情表达了无条件的理解和支持。在我们怀胎十月、辛苦生产并且耗时耗力地照顾宝宝时，虽然有些事情爱人不能代替我们去做，但他们会在其他的方面分担我们的压力。只要爱人有懂我们的心，我们的情绪就会变得愉快起来，备受宠爱的感觉会挥走那些不满、失落和抱怨。

所以，在这里要提醒一下新爸爸们，不要吝惜你们男人的温柔，也不要怕你们粗糙的手会让老婆感到不舒服。其实，只要你给妻子一个拥抱，就会瞬间给她带来极大的安全感。如果不想老婆产后抑郁甚至产生并发症的话，情感的抚慰是非常重要的，有时无需多言，只要一个拥抱就能表达一切。

当然，新妈妈们也要积极地调整自己，找回自信。

除了与宝宝和爱人肌肤接触带来幸福感之外，新妈妈们还要记住一些小妙招使自己更早地走出产后抑郁。

♥ **顺其自然的心境。** 激素水平从巨大的波动变化到恢复平稳需要一定的时间,这样告诉自己:顺其自然,总会好起来。

♥ **每食一餐,带着感恩的心去进行**。感谢亲人的照顾和关怀、感谢世界的美好、感谢我们还有食物吃、感谢大家都还能够坦诚幸福地微笑。

♥ **不要懒懒地待在家里**。不要觉得自己照顾孩子已经太累了,完全没有心思和精力去运动。要知道,适度的运动更容易获得快乐的心情。

♥ **不要过度猜忌老公**。老公是你最亲近的人,心里有想法,与其憋着、任性地等着他来猜,不如坦白说出来,沟通才是两个人更好相处的桥梁。

♥ **抓住每一个能够睡觉的小空闲**。宝宝入睡的时候我们也可以马上在宝宝身边躺下睡一会儿,不要忙着洗洗涮涮,特别是在体力不支的时候。

♥ **享受被爱并且勇敢地去爱**。愉悦的心情能让肌肤焕发光泽,幸福感的增加会让我们的魅力指数无限提升。

现在开始,科学补水

油脂真的能实现长效锁水功能吗?胶原蛋白真的会渗透至真皮层吗?玻尿酸会带走肌肤自身所含的水分吗?你真的认识皮肤的性质吗?以前的补水工作,做到位了吗?

事实上,我们不仅要给肌肤补充足够的水分,还要补到位。只有补对地方,才能真正达到效果,使肌肤的每一层都水润饱满。

还等什么呢?趁着宝宝已经出生,趁着皮肤有了一次新的调理机会,从现在开始,科学进行补水工作吧。

在上这堂科学补水课之前,我们先来补习一下关于皮肤的基础知识。

我们的皮肤分为表皮层、真皮

层和皮下组织三个部分，表皮层又由角质层、基底层和颗粒层等组成。每个层面对水分的要求不同，对肌肤水润度所起到的作用也不同。通常我们所做的补水工作只是针对其中一层下工夫，这也就是为什么会出现越补越干的情况。

真正科学的补水，应该用不同的产品，针对皮肤不同的部分下工夫，才能做到长效水润。

先说说角质层。

我们的角质层是由一些老化的角质细胞紧密黏合在一起形成的，它处于皮肤的最表层，内部没有任何血管。角质层是干燥还是水润对我们的外观影响很大，因为角质层的作用就是吸收水分并防止水分流失。健康的角质层应该含有百分之十五以上的水分，如果水分不足，我们的皮肤看起来就显得粗糙、暗沉，甚至干燥、起皮。如果角质层的补水工作到位了，那些细纹和干纹也会慢慢消失。

那么角质层的补水，需要用些什么呢？

角质层大部分的水分是由一种叫做神经酰胺的物质来守护，但这种物质不溶于水，所以基本只会出现在乳霜中。剩余的水分则由天然保湿因子牢牢锁住，这个东西就比较便宜了，一般化妆水中都会配有。

另外，很多食物当中也含有神经酰胺物质，比如大豆、小麦以及魔芋等，多吃这类食物也有助于角质层的保湿。

很多姐妹依然会有疑问，由于哺乳期不敢使用过多的化妆品，希望用一瓶长效锁水的产品就能保持肌肤的水润度，但效果却总是不理想，问题出在哪里呢？

其实，保湿成分分为两种，水性保湿和油性保湿。水性保湿环节后，必要用油性保湿来强化锁水，因为油性保湿产品里所含的物质能够加强角质细胞之间的链接，并修护皮脂膜。

所以，保湿产品不能只有一瓶，姐妹们购买前一定先要认清产品的成分。

角质层的工作完成后，开始基底层的补水。

基底层是由一层状如栅栏般的

圆柱细胞构成的,这些细胞不断分裂,然后逐渐向上推移,变形之后形成表皮细胞的各个层面。所以,表皮细胞的质量依赖于基底层的细胞质量。

基底层藏在表皮细胞的最深处,补水工作很难到达,只能依靠一些高机能的水或者基底精华液来推动水分子进入肌肤深层。

现在很多产品都打着"修复基底层DNA"的噱头,其实这种说法并非不正确,真正好的精华液的确能够修复我们基底层的DNA,但使用的时候一定要配合按摩刺激的手法。

真皮层的补水工作。

真皮层主要由胶原蛋白和弹力纤维构成,它的储水功能则依赖于天然的保湿因子玻尿酸。我们身体里的玻尿酸会随着年龄的增长慢慢流逝,而且它没有再生能力,所以针对真皮层的补水,含玻尿酸成分的产品不可或缺。

基底层已经是保养品很难到达的地方,水分想要真正渗透进真皮层岂不是更加困难?

所以,一定要足够小的分子才能够最终到达真皮层。我们通常补充的胶原蛋白分子都过大,很难渗透。要做到为真皮层补充胶原蛋白,需要从两个方面入手,第一是通过美容产品激活真皮层的纤维母细胞,促使其生成更多的胶原蛋白;第二是通过口服胶原蛋白来增加身体里胶原合成的原料。

针对肌肤不同层次的科学补水内容介绍完了,还有一些小细节需要姐妹们多多注意。

第一,"三部曲"不可或缺。
爽肤水最大的作用就是湿润角质层以及完成二次清洁,它无力承担保湿和锁水的工作，所以"一瓶爽肤水走天下的时代"已经过去了。

尤其是气候和工作等原因需要待在空调房里的新妈妈们，补水工作一定要到位。先用爽肤水缓解角质层的干燥感，再涂抹乳液，最后涂抹乳霜，完成"三部曲"补水保湿的工作。

第二，先水后乳还是先乳后水？ 很多姐妹可能会被这个问题困扰，其实不管是乳液还是水，重要的是它们的成分。肌肤吸收能力的原则是小分子在前，大分子在后，乳液中的某些植物油就属于小分子的不饱和脂肪酸，而化妆水中含有的玻尿酸就属于大分子物质。所以，应该根据护肤品成分来安排使用顺序。

第三，自身水分的补充。 玻尿酸、甘油以及海藻糖等水性保湿成分的物质能抓住体内原有的水分并将其吸收走，在使用此类产品的同时，一定要注意自身水分的补充，比如使用加湿器、多喝水等，让这些"吸收成分"能吸收足够的水分，从而保持肌肤的水润度。

最适合辣妈的果蔬汁大杂烩

为了孩子就一定要牺牲自己,顶着"疑似黄脸婆"的脸暗自感叹岁月蹉跎?根本忘记了自己的存在,所有的心思和注意力都集中在了孩子身上?美丽之类的东西都已经成了浮云?

生了孩子,真的就这么悲催?产后半年的操劳下来,镜中的自己真的已经小跑着进入"黄脸婆"行列了?

别着急,咱来点果蔬汁,酸酸甜甜,先净化一下满载脂肪的身体吧!

苹果西红柿果蔬汁

原料: 生菜、西红柿、苹果和蜂蜜。

做法: 西红柿50克,生菜80克,苹果100克。全部洗干净之后,将生菜卷成圆形放入榨汁机中,然后依次放入西红柿和苹果,榨汁后加入蜂蜜调味。

新鲜的果蔬汁能够为人体补充维生素以及钙、镁、钾、磷等矿物质,能够有效增强细胞活力和肠胃功能。为了哺育宝宝,很多准妈妈都会吃下一些非常补的食物,希望乳汁变得更有营养,但是过犹不及,太多的营养反而抑制了肠胃的功能,引起消化不良。

新鲜的果蔬汁就仿佛给疲惫的肠胃注入了一股新鲜的活力,它能促进消化液分泌、消除疲劳,还能使我们头脑变得灵活,除了照顾宝宝之外,也能分出更多的精力来给自己、老公以及家人。

另外,果蔬汁能增强身体的抵抗力、减缓肩膀和腰背酸痛、预防糖尿病,还能缓解肥胖和皮肤粗糙等症状。

不过这道果蔬汁也不是百无禁忌的。

♥ 如果你患有溃疡、急慢性肠胃炎等疾病,或者肾功能欠佳,应该避免在晚上饮用果蔬汁。

♥ 果蔬汁属于低热量食品,加糖后热量会增加,饮用后容易降低食欲。如果尚在哺乳期的妈妈,切不可用果蔬汁来代替正餐减肥哦!

♥ 果蔬汁要鲜榨现喝,

而且不是所有的蔬菜水果都适合搭配起来榨汁,所以在选择果蔬时也要注意搭配!

奇异果凤梨苹果汁

原料: 奇异果、凤梨、苹果、蜂蜜。

做法: 凤梨1/2个,苹果1个,奇异果2个,洗净切条之后放入榨汁机中,加入250毫升纯净水,榨汁后加入蜂蜜调味。

这三款水果都富含纤维素和维生素C,不但能够缓解便秘,还有美白效果。味道酸酸甜甜,口感不错。

当然,还是有一些小问题要注意。

♥ 一定要用新鲜的水果,放置太久的水果营养价值会大大降低。

♥ 奇异果号称"水果皇后",有很好的疏通功能,大便秘结的姐妹可以多吃,脾胃虚寒、尿频的姐妹要少吃。

♥ 果蔬汁榨出来之后要即时饮用,如果放置一段时间,维生素就会流失,营养价值也就大大下降,而且味道也会变差。

💗 水果洗干净之后，要将表皮水分擦干，才能保持其新鲜度，而且制作果蔬汁的速度要快，尽量在短时间内完成。

西瓜芒果汁

原料：西瓜、芒果。

做法：西瓜和芒果按照4∶1的比例搭配；西瓜去皮去籽、芒果去皮去核，放入榨汁机中榨汁。

西瓜含有大量的水分，能够为体内缺水的细胞补水；芒果营养丰富，能清肠胃、美化肌肤，还有抗癌的功效。

这款果汁需要注意以下几个方面。

💗 西瓜性寒，一次不宜饮用过多，否则会引起腹泻。

💗 如果不是非常讨厌西瓜皮的话，可以用西瓜皮以及皮和红壤之间的那层果肉一起榨汁，西瓜皮中含有氨基酸和多种维生素，能够利尿消肿。

💗 芒果性温热，吃多了容易上火，所以也要适量食用。饭后不宜马上饮用西瓜芒果汁，而且也不要与大蒜、大葱等辛辣食物共同食用。

💗 如果你体质湿热、容易长湿疹或者患有妇科病等，应该慎用芒果，否则可能加重病情。

为了给宝宝一个健康的身体,臭美的我勇敢地跟化妆品说了"NO"

辣妈的温馨提示
- 迎接久违的月经,注意避孕
- 选择滋润效果较好的护肤品
- 正确面对剖宫的疤痕和妊娠纹

第八章
产后6月~1年的辣妈计划

暖暖的子宫保健操

子宫是我们最重要的器官之一，可以说它决定着我们的"美丽与哀愁"。子宫健康的女性看起来要比实际年龄更年轻一些，而且面色红润、神采飞扬，如果子宫出了毛病，衰老就会迅速到来。因此，想做辣妈，光顾着"面子工程"是不行的，对子宫的保健也需要用心。

产后二至三个月，就可以开始针对子宫的恢复性训练了，子宫的康复和保养不是一日之功，我们一定要坚持，将暖暖的子宫保健操延续到产后一年左右，甚至是更长的时间。

这里为姐妹们推荐一套"子宫保健操"，坚持下去会有很好的效果。

PartA

Step1 仰卧在床上，双腿并拢、双膝稍微弯曲，做二十次腹式呼吸。

腹式呼吸就是吸气时胸部不扩张，直接隆起腹部；呼气的时候胸部不收缩，腹部凹陷，类似于深呼吸。

Step2 双脚与肩同宽站立、踮起脚尖,达到极限后放下;再踮起,达到极限后放下,重复二十次为一组,每天至少做三组。

Step3 双脚与肩同宽站立、屈膝下蹲;然后起立,再下蹲。一蹲一起为一次,重复二十次为一组,每天坚持三组。

Step4 仰卧在床上,左腿屈膝收回到胸口方向,膝盖尽量朝下巴靠,达到极限时坚持五秒,换右腿。每天坚持三次。

以上运动难度都不大,能够有效地改善盆腔的血液循环,增加腹肌的力量,恢复子宫的位置和弹性。

PartB

Step1 双膝自然分开与肩同宽，跪在床上，挺直腰和背部，然后向前弯腰，胸部尽量贴近床面，保持身体的平衡，坚持三分钟，注意保持均匀的呼吸。

Step2 平躺在床上、屈膝；然后收腹，用腹部的力量来提起臀部，在空中保持一分钟，感觉到自己的臀部、腹部和大腿都是紧绷的，甚至能感觉到子宫也跟着一起收缩了。

这是新西兰的医学家发明的一套非常有效的暖宫操，姐妹们坚持去做的话，对于保持子宫的年轻是非常有用的。

PartC

将双手搓热，贴于后腰部，然后上下摩擦一百次，直到后腰部位发热为止；然后停止摩擦，继续将手贴在后腰部三分钟。摩擦背部的时候要保持心神宁静，如果感到手酸的话可以停止。每天坚持做三次。

PartD

中医学上认为"走则生阳",也就是说我们可以通过走路来提升体内的阳气。每天坚持快步走三十分钟,对提升子宫能量是非常有利的,子宫血液循环的速度能够相应地提高百分之十。有条件的姐妹可以选择在鹅卵石上行走,凹凸不平的鹅卵石能够刺激我们足底的经脉和穴位,帮助我们调畅气血、温暖子宫。

除了以上的暖宫运动之外,注意一些小细节也能更好地保护我们的子宫。

产后也意味着新的避孕措施要开始了,如果没有进行结扎手术的姐妹,建议交替使用避孕方式,可以将安全套和避孕药交叉使用,而且对避孕药的品牌无需太过执著,更换使用较好。

另外,在排卵期的时候,我们的体温会比平时高出一点点,如果在这个时候"爱爱"的话,足以让子宫温暖上一个月!当然,激情归激情,不要忘了避孕哦!

制订一个完美的塑身计划

我们能控制金钱、控制地位、控制工作、控制宝宝乖巧，甚至控制老公的忠贞不渝，但却控制不了自己的体重一路飙升，尤其是在有了宝宝之后，这真成为了我们最头疼的事情。可是，有了宝宝，真的不要瘦了么？要知道，宝宝肯定也爱"超级辣妈"的啊！还等什么呢？

二十六个字母A~Z，关键词解密，帮我们制订一个最完美的塑身计划。

A：Alcohol 酒

喝酒也能减肥？这是真的。当然也不是让姐妹们端着杯子豪饮，咱还得看那是什么酒。

酒精能增加我们体内一种叫做瘦蛋白激素，这是一种能抑制我们吃甜食的激素。研究证明，葡萄酒在维持和减轻体重方面有明显的效果，而且它本身的热量也很低。已经停止母乳喂养的姐妹可以在吃饭的时候适量饮用一小杯葡萄酒，记住，要喝糖分较少的干红哦。

B：Buddies 伙伴

有研究显示，参与群体减肥的且体重有所下降的姐妹占到了百分之六十六，而"孤军作战"的姐妹的减肥成功率只有百分之二十四。可见，相互督促更容易瘦身哦！

C：Cortisol 皮质醇

当我们面对来自外界的压力和威胁时，肾上腺会释放出一种叫肾上腺皮质醇的激素。这是一种压力激素，能帮我们对抗那些让我们紧张的威胁，但皮质醇释放多了可不是什么好事，它会增强我们的食欲，对瘦身不利哦。

D：Density 密度

这里引入一个能量密度的概念，意思是每一份食物的卡路里数除以每一份食物的重量（克），得出的数值如果小于二，证明这份食物通常不会令人发胖。事实上，如果我们摄入含水分较多的食物，瘦身的效果要比单纯拒绝吃脂肪类食物的效果好。原因在于，含水分较多的食物不容易让我们感到饥饿。

E：Estimation 预估

这是一种估计能力，也是对自己所摄入的食物热量比较正确的计量。

30克左右的瘦肉＝一盒扑克牌的体积

45克左右的芝士＝三块多米诺骨牌的体积

F：Fructose 果糖

甜食总是那么诱惑人，女性尤其偏爱甜味的东西。很多食物里都会添加糖分，相比较而言，果糖，也就是从水果中提取的糖分对我们控制腰围和腹围比较有利。

G：Grapefruit 葡萄柚

不到晚饭时间，肚子就饿得不行了？把那些饼干、面包都抛开吧，来半个葡萄柚，可以帮助身体甩掉更多的脂肪。

H：Hydration 水合作用

喝水能够帮助我们的身体燃烧掉一部分的热量。

I：Insulin 胰岛素

胰岛素是我们体内控制血糖的激素，它分泌的高低决定着我们的饮食取向。如果我们已经发展成了"苹果型"身材，就说明腹部堆积了很多脂肪，也说明体内胰岛素分泌旺盛，此时少摄入碳水化合物会让我们的瘦身更成功哦！

J：Journal 日记

如果每天都能记录下自己所吃的食物，并且常常翻看的话，那我们每天可能会比前少摄入接近1000卡的热量，相信吗？

K：Kangoo jumps 弹跳

Kangoo jumps是瑞士人发明的一种低冲击力的运动鞋，它的外观和穿戴方式有些像直线滑轮，鞋底由两个伸缩性的弹簧组成，所以穿的时候可以蹦蹦跳跳，而且玩起来非常有趣，方法也很简单，只要身体四肢保持平衡、不踮脚尖就不会

跌倒。穿上这种鞋，每天进行轻微的弹跳运动，能够刺激淋巴系统的循环，有效排出毒素、减轻体重。

L：leptin 瘦蛋白

瘦蛋白的分泌是告诉我们的大脑——"我已经饱了，不需要继续进食了"。但研究显示，如果我们过多地限制热量的摄入，会导致瘦蛋白水平降低，反而促使我们摄入更多的食物。所以，为保证激素平衡，减肥不应过于急迫。

M：Milk 牛奶

有研究显示，在力量训练之后喝两杯脱脂牛奶，有利于肌肉的形成以及燃烧更多的脂肪，只有牛奶有这种功效哦。

N：Number 数字

相信每个姐妹在备孕的时候都为自己准备了电子秤。现在，每天都到电子秤上去称一下体重吧，明确的数字能够激励我们的斗志，也能巩固我们的战果。

O：Omelet 煎蛋卷

蛋白质在我们的肌肉形成中是不可或缺的，鸡蛋是理想的动物蛋白。每磅肌肉所消耗的热量要比每磅脂肪消耗的热量多，而每天摄入两个煎蛋卷就能提供一天所需蛋白质的四分之一。

P：Peanuts 花生

花生中富含的高纤维和高蛋白容易使人产生饱腹感。

Q：Qigong 气功

气功是一种健康的减肥方式，它通过调节我们的姿势、意念和呼吸来锻炼精气神，调整身体的生理功能。

R：Replacement 替代品

研究显示，吃流食来进行瘦身的减肥者与那些吃减肥药但不减食量的减肥者相比，瘦身效果要更好。所以我们可以选择一些替代品，比如低热量的液体食物或者某些纤维饼干。

S：Stress 压力

实验表明，长期承受压力会令脂肪细胞的体积和数量急剧增加，所以，及时减压很重要哦！

T：Tea 茶

绿茶中含有儿茶素，能够帮助我们的身体抵抗疾病，并且有效对抗脂肪。如果茶够浓，减肥的效果也更好，但要喝多高浓度的茶，还是要根据自己身体的接受度来定。

U：User-friendly 便于实施

这个意思是，我们制订的减肥计划应该具有可行性，而且还要循序渐进。

V：Vinegar 醋

大约四小勺的醋就能帮助我们的身体在一天中少摄入约250卡的热量，可以在拌凉菜的时候加入一些醋，也可以喝一些苹果醋。

W：Weights 力量练习

力量练习比心肺练习更能消耗热量，所以每周安排自己进行三次力量练习吧！

X：X-syndrome "X症候群"

"X症候群"也叫做"代谢症候群"。看看以下的症状：

腹部明显肥胖
甘油三酯水平偏高
高密度脂肪酸的水平偏低
高血压
血糖偏高

如果你有了以上症状中的三项，就基本可以确定加入"代谢症候群"了。这可是个危险的信号哦，因为这和心血管疾病以及二型糖尿病都有很大关系。

Y：Yoga 瑜伽

瑜伽能带给我们的好处可不止是瘦身美体那么简单，通过对呼吸节奏的调整，能够让我们宁神静气、心态平和。

Z：Zzz 呼噜声

这可不是让我们睡觉打呼噜，而是强调睡觉的重要性。研究显示，每天睡眠不足五小时的人，平均体重要高于那些每天睡眠达到七小时的人。

嗨！"大姨妈"……

"大姨妈"？哦，怀胎十月再加上生产、产后恢复，似乎很久没有与这位亲戚有什么实质性的接触了，放卫生巾的抽屉好久没有打开过，经期专用内裤也早被塞到最里面了。当终于想起它，有的姐妹又不免开始焦虑了，产后月经究竟该在什么时候来才算正常？从开始的放任，到焦虑的等待，"大姨妈"在时隔一年多之后又开始折磨我们的脑神经了。

产后究竟什么时候才会恢复月经，这并没有定论，会依据每个姐妹的身体状况和哺乳状况而定。通常情况下，没有进行母乳喂养的新妈妈会更早地恢复月经周期。

还是用具体的数字来说明问题吧，研究显示，对于那些没有喂养母乳的新妈妈来说，月经周期的恢复时间一般在产后的六至十周内，也就是产后三个月内，也有少数人会到产后的第四个月才恢复月经。

而对于那些母乳喂养宝宝的新妈妈来说，月经恢复的时间通常在产后四至六个月，也有的会到产后一年才恢复经期。

同时，月经恢复的时间和每天哺乳的次数也息息相关。一般来说，每天哺乳的次数越多、宝宝每次吃奶的时间越长，月经恢复的时间就越晚。如果在母乳喂养的过程中，逐渐给宝宝添加辅食，同时逐步增大辅食量，使宝宝对母乳的需求逐渐减少的话，月经会提前恢复的。

"大姨妈"回归了,就意味着我们要面对新的问题。

第一,产后月经周期不规律。

不管是不是母乳喂养宝宝,在产后月经恢复的几个月中,周期通常是不规律的,而且月经的量也和怀孕前有所不同,这需要进行几个月的调理之后才能逐步走向正轨。之所以出现月经不规律,主要是因为我们的内分泌功能失调,或者是产生了一些器质性病变。

内分泌失调并不可怕,只要在产后注意调理,从身体和心理两方面下手,就能逐渐调整过来。如果月经恢复之后好几个月都持续不规律的话,建议姐妹们去看医生,检查一下是不是身体内产生什么病变了。

第二,产后月经量少。

有的姐妹产后虽然月经恢复并且规律了,但经血量却明显减少,有时候到第三天就基本干净了,这主要是因为身体没有调理好,或者先天肾气不足,导致血虚状况,也可能是有外伤性出血造成的。

月经量过少没有什么太好的治疗方法,只能通过平时的调理来改善。尽量避免做那些会对子宫内膜造成损伤的手术,也不要长期使用避孕药,以免过度抑制垂体功能。

第三,月经恢复后的避孕。

月经出现,就代表着排卵工作重新开始了。很多姐妹会选择在产后第一次月经出现之后才开展避孕工作,其实是错误的,这一次的月经出现表明排卵已经开始于十多天前了,如果那个时候没有安全避孕,很有可能再次怀孕。

另外,由于子宫处于产后恢复期,阴道会流出很多类似经血的液体,有的姐妹就会将其误认为是月经,因此而推测的排卵期和安全期就不准确了。

还有很多姐妹，就算月经恢复了，也很不规律，所以根据这些时间段推测出来的安全期也并非绝对安全。

考虑到以上各种因素，我们应该从产后恶露排尽之后，第一次性生活的时候就采取有效的避孕措施。如果是母乳喂养的姐妹，就不要考虑避孕药了，因为避孕药所含的雌激素进入到体内会抑制催产素的工作，影响母乳质量。

这个时期，安全套是不错的选择。既不会影响内分泌，也不用害怕伤害到还未完全恢复的生殖系统。

桑拿，我来了！

生完宝宝之后，我在月子期间洗澡时很是谨小慎微，还要趁着老妈不在的时候迅速进浴室解决，从那个时候开始，就觉得洗澡成了一件可怕的事情，有种偷偷摸摸的感觉。好不容易出了月子，洗澡还是很小心，基本都是随便冲冲就出来了，担心洗得时间长了会着凉、又担心洗澡的时候宝宝突然饿了要吃奶……

算上孕期，洗澡这件事情似乎已经马虎了很久很久，更不要说安安逸逸地去洗桑拿浴。

某一天，老公居然主动提出来，让我去好好"桑拿"一下，放松放松神经，蒸一下排排毒，再舒舒服服搓搓背，总之就是不要因为孩子就完全忘记了享受。感激老公的安排之余，内心早就乐开了花，收拾收拾东西直奔桑拿房，将他们一大一小扔在车上等待。

一进去，感受到扑面而来的腾腾热气，我真想大喊一声："久违的桑拿，我来啦！"然后扑进池子里懒洋洋地躺着不动。

但想归想，虽然好好地休养了大半年，还是有些害怕会阴部感染，望了望大池，忍住了下去泡澡的冲动。

慢腾腾地冲洗了身体，拿了块凉冰冰的毛巾就进湿蒸房了。在公共场所还是有些担心，用消过毒的毛巾垫着才敢坐下，虽然湿气足够，但没过多久就觉得受不了了。

好吧，那就换汗蒸。之前每次坐

在汗蒸房里不停地喝水,然后感觉身体不断冒汗就有强烈的满足感,仿佛体内的毒素无处可逃,全部通过大张的毛孔排出来了一般。可是这次在汗蒸房里坐下没多久,喝了两杯水,还是感到头晕眼花,只得站起来"狼狈出逃",乖乖去搓背了。

搓背的时候又开始焦虑,想着宝宝在外面会不会想我,会不会哭闹不止,越想越觉得不安,连之前策划的推背都没做,就匆匆洗完收拾好出去了。哎,当妈的心情果然大不相同。

可是出门一看,情况根本不是我想的那样,老公抱着孩子跟服务员聊得正欢呢,据说还带着孩子进男宾区参观了一下,打听了一下婴儿票价……

不过不管怎么样,一场桑拿浴洗下来还是感觉舒服不少,身体放松后很快感到疲倦,重要的是焦虑的心情也有所缓解。

有的姐妹会保守地将桑拿浴排为产后一年开外才能做的事情。其实因人而异,如果是顺产而且月子期间调理得很好的姐妹,在产后半年就可以进行桑拿浴了。只是需要注意的是,尽量不要去公共浴池里泡澡,而且进入蒸汽房或者汗蒸房的时候,不要随便乱坐,最好用消毒毛巾垫着。

还有一个要点是视自己的身体状况而定,最好不要蒸长久,如果感到呼吸困难或者头晕眼花,最好马上离开蒸汽房,并要赶紧喝水。

另外,产后体虚的姐妹洗桑拿浴要谨慎,大量出汗对于此刻的你们来说可不是什么好事情。

总的来说,桑拿浴可以洗,但不要因为好久没洗了就在桑拿房里留恋过长的时间,适可而止,洗完之后一定要赶快穿衣服,防止被冷风吹到而受凉。还有一点需要注意的是,很多姐妹在生产之后,内分泌会发生变化,一些以前不过敏的东西现在很可能会过敏,所以中药浴或者精油推背要慎重选择。

哺乳期不能做的美容项目

满心欢喜地以为，宝宝出世之后，美容美体就可以肆无忌惮地开始了，之前一直想做而憋着没有做的项目和孕期产后需要调整的问题，都应该排上日程，一一解决……

打住，如果姐妹们是坚持母乳喂养的话，美容美体之心还是先打住。

我们先来看看，有些项目在哺乳期是不能做的。

首先，有关乳房的任何修复塑形术都不能进行。

比如两侧乳房不对称，乳头塌陷等等。因为涉及到手术，肯定要进行局部麻醉，麻醉药对我们来说只要剂量得当，不会造成什么永久性的创伤，但对宝宝来说就不一定了。在哺乳期，我们的身体最好不要摄入任何有麻醉功效的药物。而且，既然是手术，就要考虑到术后休息和治疗的问题，一些药物也是不适宜在哺乳期使用的，特别是用在乳头上的擦剂。

所以，有动了调整乳房形状这个心的姐妹们，还是再等待一下吧，其实母乳喂养本身就是调整乳房的天然措施，而且效果非常不错。

其次，精油美体的项目要谨慎。

这个问题在前面的章节中也有提到过，因为精油会随着淋巴循环进入体内参与我们的内循环，这些物质对于我们的身体来说是无害的，但是通过母乳带给宝宝就不行了，宝宝需要的可是健康的乳汁。

再次，牙齿的治疗和美容也需要慎重。

哺乳期间很容易发生钙流失的现象，这个时候对牙齿进行矫正或美容是很不适合的，第一，可能会因为医生的技术问题而导致日后牙齿经常性疼痛；第二，牙齿本来就是处于最脆弱的时期，最好还是不要再给它们带来意外的伤害和敲打了。

其实只要还在哺乳期，去医院看牙的时候，医生一般会建议等过了哺乳期再进行。不建议大家在这个时期做牙齿美白或者烤瓷。当然，如果是之前的牙病一直积攒到现在的话，建议姐妹们用一些诸如云南白药之类具有治疗效果的牙膏，可以先暂时缓解一下。

肚子上有疤怎么办？

如今，剖腹产已经成为很多准妈妈选择生产的方式，这种无痛且更安心的方式却会在肚子上留下一个难看甚至有些狰狞的疤痕，非常影响美观。自己看着都不舒服，老公看着肯定也会有怪怪的感觉。于是，怎样淡化疤痕，让自己像未生产前一样美丽，就成为了很多姐妹最关心的问题之一。

剖腹产后在肚子上留下的疤痕一般呈现白色或者灰白色，质地坚硬。手术后大概三个星期左右，这个疤会慢慢地增生，出现局部发红发紫的现象；然后慢慢变硬、突出于皮肤表面，这个疤痕上有新生的神经末梢，而且还很杂乱。

在此后的三个月内，纤维组织的增生慢慢开始停止，疤痕则逐渐变软、变平，颜色也开始变成暗褐色，这时疤痕就会开始出现痛痒。不同的人对于这种痛痒的感受度也不同，在遇到变天或者运动后大量出汗的情况时，痛痒就会加剧，有的姐妹会忍不住地用手去挠，甚至将其挠破，这种感觉非常煎熬。

这也是剖腹产之后需要承受的痛苦之一，可遵听医嘱，酌情涂抹一些外用的药物。要尽量克制住用手去挠，以免挠破了形成新的伤疤，又需要更多的时间去恢复。

在疤痕从新变老的过程中，建议姐妹们不要大幅度运动，以免摩擦到伤口，使得伤口长不平整，形成更加狰狞的疤痕。因此，手术后最初的休养，可以说是以后疤痕是否明显的关键。

不过姐妹们也不用太过担心和害怕，因为在最初，为了防止新妈妈因为疼痛辗转反侧而牵拉到伤口，医生会配以适当的止痛药，帮助我们减轻疼痛，至少在晚上能够安然入睡。

需要注意的是，皮下脂肪层越厚、伤口就越容易感染，而且有的姐妹因为个人体质的关系，疤痕会越长越大。所以产后的护理，对伤口的恢复很重要，如果出现疤痕越长越大的情况，在手术后不久就可以使用硅胶片了。在伤口未完全愈合之前，一定不要弄湿或者弄脏伤口，如果不小心弄湿的话，要马上擦干，然后擦上优碘。

在之后半年内，当确认伤口复原情况良好，就可以使用透气胶带顺着伤口贴上去，粘贴的时候，注意透气胶带要和伤口平整密合，以免压迫疤痕。透气胶带的使用最好持续六个月左右。

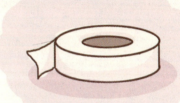

如果半年之后，剖腹产的疤痕依旧没有淡化的趋势，而且形状很可怕的话，建议姐妹们采用一些手术方式来修复。

手术进行修复的原理实际上是通过改变腹部的张力来达到调整疤痕的目的，对于那些难看的疤痕，或是因为感染而引起的肥厚组织，一般的处理方式是将整个疤痕切除后再重新进行缝合。

如果疤痕是一道长直的口子，就可以在这个疤痕上面重新设计不同的切口方向来分散这个直线伤口的张力。张力被分散后会形成一些弯曲的伤口，当皮肤周围的组织慢慢地和这些伤口结合，就会模糊视觉焦点，使得这些疤痕看起来不再那么可怕。

姐妹们需要认识到，除非我们所带有的伤口只是在表皮层，否则只要有伤，就必然会留下疤痕，而且疤痕一旦形成了，就很难完全消除，所以对于剖腹产后必然会留下的疤痕，要正确对待。

如果你的妊娠纹都一年了还没淡化……

每个姐妹在怀孕的时候都或多或少会出现一些妊娠纹，这是由宝宝的生长速度、我们皮肤的弹性和饮食习惯综合决定的，那些在孕期摄入脂肪较多、平时缺乏运动、皮肤弹性较差的姐妹，妊娠纹可能会更多更明显一些。

在前面的章节中，我们已经介绍过孕期如何有效预防妊娠纹，但有些姐妹的妊娠纹在产后很长时间都没有淡化。

那么，如何在产后淡化妊娠纹呢？

首先，用精油按摩。

配方一： 选取花梨木精油四滴，乳香三滴，薰衣草精油两滴，与18毫升按摩精油混合起来使用。

配方二： 薰衣草精油两滴，柠檬草精油两滴，乳香三滴，与18毫升按摩精油混合使用。

配方三： 薰衣草精油四滴，橙花油五滴，与18毫升按摩精油混合使用。

当然，精油按摩消去妊娠纹也不是立竿见影的，需要我们坚持按摩。每天给自己准备五至十分钟的按摩时间。

其次，除了按摩之外，运动也是必不可少的。

慢跑或者快步走都能够帮助我们淡化妊娠纹。跑步的时候，大腿和臀部肌肉都能得到充分的拉伸，局部的脂肪会转化成肌肉，再配合专业的肌肤紧致霜一起使用，效果便会慢慢显现。

去健身房骑骑健身单车，或者干脆换成骑自行车上班吧！每天坚持一段时间的有氧运动，更能促进身体的循环代谢，及时排出体内废物。

再次，每天晚上睡觉前，抽点时间练练"臀部紧实收缩法"吧。

仰躺在床上，膝盖弯曲，双臂平放在身体两边；吸气，然后尽量向高处抬起臀部，收紧臀部肌肉，保持三秒钟之后放松，慢慢地把身体放下。重复进行十五次，直到感到臀部肌肉酸痛为止，每天坚持练习。如果不偷懒的话，大概一个月之后就能看出效果，臀部会明显变得紧致，而因为怀孕产生的妊娠纹也会有所减轻。

最后，除了坚持运动、加强按摩之外，饮食方面也要有所注意。

有的姐妹在产后妊娠纹久久不消，这和个人的饮食结构有很大关系。

摄入太多的奶油或者乳酪，容易使血液倾向于酸性，人会感到疲劳和困倦，而且脂肪也容易囤积在下半身，造成臀部肥大，在臀部变大的过程中就必然会产生一些生长纹。所以饮食方面要选择大豆之类的植食性蛋白，同时食用油也要尽量选择橄榄油、葵花油等含有大量不饱和脂肪酸的油类。

如果快一年了，你的妊娠纹还没有淡化，而且并不是因为你的皮肤存在什么病变的问题的话，姐妹们就需要问问自己，是不是因为把过多的时间花在宝宝身上而根本没有关注到自身的美丽呢？如果是，那么花点时间来照顾自己吧！既然错过了"防患于未然"的时间，那么补救的时候就一定要坚持并且努力哦！

还有一些小细节也要多注意。

♥ **洗澡的方法**。洗澡时,记得用柔软的毛刷子或者天然的丝瓜布来摩擦皮肤,这样不但能够去死皮,还能刺激我们的淋巴循环。冲洗的时候,用冷热水交替冲洗臀部,能够有效地紧致肌肤。

♥ **加强按摩**。除了以上介绍的精油配方之外,还可以购买专门分解脂肪、强化毒素代谢功能的纤体乳,在洗完澡之后涂抹身体并进行按摩。

♥ **粗纤维食物**。在食物中增强粗纤维的摄入量,可防止便秘和毒素淤积。

后记　30岁辣妈就这样华丽诞生了

还是那句话,"这个世界上只有懒女人,没有丑女人。"生孩子之前觉得会发生的一切恼人事件都在我的努力注意和老公的积极配合下被消灭了。事实上,生孩子这件事情,只要带着勇敢、自信的心出发,一路上果断地披荆斩棘,不信"脂肪会堆积不走"的传闻,滤过"孕期必然水肿"的常规定律,逃开脸上长斑的魔咒,再赶走妊娠纹的烦恼,无坚不摧的力量便油然而生了。

我出招,他接招。

我想吃酸的,他绝对不会用辣的敷衍我。

我想穿豹纹,他绝对不会用粉红色小可爱来打发我。

我发火,他忍耐;我继续发火,他就动用所有脑细胞来给我讲笑话。

我有做DIY面膜的心,他就必然有亲自上阵调配的行动。

我做运动,他就一定能在旁边配合。

我双腿水肿,他就自己学得一手好的按摩技术。

我害怕妊娠纹,他一早就给我准备好了孕妇专用橄榄油。

我晨吐恶心,他就变着法儿给我做预防呕吐的东西吃。

我跟肚子里的宝宝说话,他就教宝宝唱歌;我给宝宝讲故事,他就在旁边一脸憧憬地描绘故事中的场景。

我生孩子疼痛，他在一旁紧张；我痛得抽筋，他的眼眶里蓄满心疼的泪水。

我给宝宝喂奶，他就给宝宝洗尿布。

我白天带宝宝，他就忙碌地去挣奶粉钱；我累了睡着了，他就凝望着那个由我们共同创造的小天使。

我快乐，他比我还快乐；我不快乐，他就想办法让我快乐。

我爱美丽，想美丽，他比我对我自己的期待更浓烈。

……

于是，我勇敢坚强地上阵了，带着一定要把宝宝养好的决心，带着一定要让自己美丽无瑕、将辣妈进行到底的决定，毅然决然地在长达两年的备孕期、怀孕期和产后修复期中把臭美劲儿和毅力发挥到了极致。

从孕前三个月我就努力开始为做辣妈准备着啦！坚持锻炼很有必要，排毒也在这个时期就开始进行了，特别的美容养生餐更是安排得细致，开始服用叶酸，抓住最后的烫发、美容和整牙的机会。最重要的是保持良好的备孕心情，给宝宝创造了一个最好的环境。

孕前一个月，水果和蔬菜的摄入量提升了，钙铁锌硒维生素，一样也不少；防辐射工作相当到位，穿起了防辐射服，家里所有强辐射的东西，老公已经坚决不让我碰；要风度不要温度的时代暂时过去了，保暖是关键；老公开始动用他的笑话集锦了，每天边给我讲笑话放松心情，还边给我按摩。

终于怀孕了，考验正式到来，美容养颜工作绝对不能掉以轻心，虽然脸部浮油、黑眼圈和大眼袋的问题的确困扰到我，乏力、嗜睡和晨吐也折磨得我快要失去信心，但暖暖的精气神套餐和排毒养颜的小美食，再加上对付油光和浮肿双眼的正确方法，我很快重拾起美丽和信心。

肚子一天天大起来，行动越来越不方便，睡觉也变得不安稳，还好有老公的体贴照顾和细心准备，让我有了更多的动力去对抗脸上的色斑和肚子上的妊娠纹。

宝宝降临人世，随着他的第一声啼哭，我的人生也彻底改变了。

虽然会有劳累、胆怯、恐惧和不安,但更多的是为人母的责任和欢欣,还有对自己重塑体质,持续美丽的期待。

身体恢复得非常好,这多亏了亲人无微不至的照顾。出了月子,就开始循序渐进地塑身以及强化美容。当宝宝在母乳的喂养下茁壮成长时,我也努力地避开了变成"黄脸婆"的可怕道路。

好的心态,积极的行动力,温情的家庭氛围以及坚持不懈的努力,我无愧自己许下的诺言。

当然,力量归力量,持之以恒还是相当必要的,美丽可不是一朝一夕的事情,要长长久久地美下去,就要长长久久地对自己用心。

总之,自信心的培养,老公的疼爱,还有宝贝的宽慰,三十岁辣妈就这样华丽丽地诞生了。